製品事例から学ぶ
現代の電気電子計測

博士（工学） 藤 田 吾 郎 著

コロナ社

ま え が き

　電気電子計測に関するテキストは数多く出版されているが，筆者は3つの大きな課題があると考えていた。

　1つ目として，多くのテキストでは計測の原理から説明を進め，製品として市販されている計測器そのものにまで説明がなかなか行き届いていないことである。読者の多くである学生が最初に目にするのは原理ではなく製品であるが，原理から入っていくと，実物との関連がわかりにくい。むしろ，その製品から逆にたどって原理に行きつく説明，もしくは製品に重点を置いた説明が必要なのではないかと感じた。

　2つ目として，アナログ機器の記載が多い点である。いうまでもなく電気電子計測の歴史はアナログ測定から始まっているが，今日ではディジタル機器が多数を占め，アナログ機器は衰退の途を辿っている。そして本書の対象である読者もディジタル機器から入る世代に移っている。そこで今日市販されているディジタル機器を主体として，アナログ機器は従属的に説明するようにした。

　3つ目として，機器やセンサのおもな仕様に関する記載が少ないことである。機器やセンサには必ず適用できる電圧なり周波数なりの範囲がある。適切な機器を使用しないと正確な測定ができないだけではなく，事故や故障の原因にも至ることがある。機器の使用に当たり，仕様の確認をする必要性があり，そのポイントを述べておくことが重要であると考えた。

　これらの視点をもとに本書の構成を考えた。まずは手にする機会が多いディジタルテスタ，オシロスコープ，指示計器の3つを基本として，それに付随する解説を行い，続いて関連する事項や機器の説明をすることとした。

　製品事例として製品写真と特徴，おもな仕様を示した。カタログを直接見て

も，何が重要なのかが判断できないことも多い。まずは本書でおもな仕様を理解して，必要に応じてカタログやマニュアルに記載されている内容を精査する二段階を取るのがよいであろう。おもな仕様は本書に関連するところに絞り，サイズや質量，保証期間，付属品などは省いている。温度特性も温度センサなどを除き記載していない。

章末には簡単な問題を入れた。調査して解答する内容が大半である。復習問題としても予習問題としても，どちらにも使用できるようにした。また，巻末には略解を入れた。参考にしていただきたい。

ところで執筆を開始してから，いまさらながらに生じた1つの素朴な疑問は「電気電子計測」とはそもそも何か？ であった。電気電子工学の研究教育の場面で生じる計測全体なのか，それとも電気電子を用いた計測なのか判然としないのであるが，テキストとして見た場合は前者の方が親切ではないかと考えて，内容を多岐にわたらせるようにした。

2017年9月

藤 田 吾 郎

本書に記載されている会社名，商品名，製品名は，一般に各社の登録商標，商標，または商品名です。本文中では，TM, ©, ®マークは省略しています。

目 次

$\boxed{1}$ ディジタルテスタ

1.1 ディジタルテスタの構造	1
1.2 直流電圧の測定	2
1.3 仕様と誤差の考え方	3
1.4 交流電圧の測定	4
1.5 抵 抗 の 測 定	5
1.6 直流電流および電力の測定	6
1.7 交流電流および電力の測定	7
演 習 問 題	8

$\boxed{2}$ オシロスコープ

2.1 オシロスコープの基本的な使用方法	9
2.2 ト リ ガ 機 能	13
2.3 量子化・サンプリングと分解能	15
2.4 周 波 数 特 性	17
2.5 電 流 計 測	18
2.6 電流プローブの種類	21
2.7 複数の信号の同時計測	24
2.8 リサージュ波形	28
2.9 波 形 の 記 録	29

iv　　目　　　　　次

2.10　ノ イ ズ 除 去 ································· *32*

2.11　スペックの見方 ································· *34*

演 習 問 題 ······································· *35*

3　指 示 計 器

3.1　指示計器の構造 ································· *36*

3.2　指示計器の記号 ································· *38*

3.3　指示計器の許容差 ······························· *39*

3.4　電流計と電圧計 ································· *39*

3.5　電　　力　　計 ································· *41*

演 習 問 題 ······································· *42*

4　電圧と電流の計測

4.1　分圧器と倍率器 ································· *43*

4.2　分　　流　　器 ································· *44*

4.3　ホイートストンブリッジ ····················· *45*

4.4　電圧・電流トランスデューサ ··············· *47*

4.5　クランプメータ ································· *49*

4.6　LCR メ ー タ ································· *51*

演 習 問 題 ······································· *53*

5　数学的取り扱い

5.1　平 均 値 な ど ································· *54*

5.2　統 計 的 扱 い ································· *56*

演 習 問 題 ······································· *57*

6 交流回路の扱い

6.1 単 相 交 流	58
6.2 多相交流回路	59
6.3 高 調 波	61
6.4 インターハーモニクス	63
6.5 不 平 衡	64
6.6 パワーテスタ	65
演 習 問 題	67

7 交流回路の計測

7.1 電 力 量 計	68
7.2 トランスデューサ	69
7.3 相 順 の 計 測	71
7.4 同 期 の 計 測	73
7.5 大電圧・電流の計測	74
演 習 問 題	77

8 力と回転の計測

8.1 ひずみゲージ	78
8.2 回転速度の計測	79
8.3 トルクの計測	80
演 習 問 題	84

vi　　目　　　　　　　　次

9 接地抵抗・絶縁抵抗の計測

9.1　接地抵抗の基準 ………………………………………………………… 85

9.2　接地抵抗の計測 ………………………………………………………… 88

9.3　絶縁抵抗の基準 ………………………………………………………… 89

9.4　絶縁抵抗の計測 ………………………………………………………… 91

演習問題 ………………………………………………………………………… 92

10 磁 気 の 計 測

10.1　ホール素子 ……………………………………………………………… 93

10.2　エプスタイン装置 ……………………………………………………… 94

13.3　地磁気センサ …………………………………………………………… 95

演習問題 ………………………………………………………………………… 97

11 温 度 の 計 測

11.1　サーミスタ ……………………………………………………………… 98

11.2　熱　電　対 ……………………………………………………………… 99

11.3　サーモパイル …………………………………………………………… 101

11.4　温度ロガー ……………………………………………………………… 102

演習問題 ………………………………………………………………………… 103

12 光 の 計 測

12.1　CdS　セ　ル ……………………………………………………………… 104

12.2　フォトダイオード，フォトトランジスタ …………………………… 105

目　　　　　次　　*vii*

12.3　焦電形赤外線センサ ･･････････････････････････････ *110*

12.4　照　度　の　計　測 ････････････････････････････････ *112*

演　習　問　題 ･･ *114*

13 電源品質の計測

13.1　電源品質アナライザ ･･････････････････････････････ *115*

13.2　基　本　的　な　計　測 ･･････････････････････････ *116*

13.3　長　時　間　の　計　測 ･･････････････････････････ *118*

13.4　高　調　波　の　計　測 ･･････････････････････････ *119*

13.5　イ　ベ　ン　ト　検　出 ･･････････････････････････ *121*

演　習　問　題 ･･ *121*

14 その他の計測

14.1　デ　ー　タ　ロ　ガ　ー ･･････････････････････････ *122*

14.2　EMF　の　計　測 ･････････････････････････････････ *125*

14.3　検　　電　　器 ･･････････････････････････････････ *126*

14.4　距　離　の　計　測 ････････････････････････････････ *128*

14.5　加　速　度　の　計　測 ･･････････････････････････ *130*

演　習　問　題 ･･ *132*

15 LabVIEW を用いた計測

15.1　DAQ　の　準　備 ･････････････････････････････････ *133*

15.2　DAQ　の　接　続 ･････････････････････････････････ *135*

15.3　プログラムの作成 ････････････････････････････････ *136*

演　習　問　題 ･･ *138*

16 規格・法令と電気電子計測

16.1 JIS 規格と国際単位系 ································· *139*

16.2 計 量 法 ································· *144*

16.3 定 期 検 査 ································· *145*

16.4 検 査 機 関 ································· *146*

16.5 トレーサビリティ ································· *147*

演 習 問 題 ································· *148*

引用・参考文献 ································· *149*

演 習 問 題 解 答 ································· *150*

索 引 ································· *153*

1

ディジタルテスタ

　電気電子計測において，最も身近な計測機器が**ディジタルテスタ**であろう。
電圧，電流，抵抗の測定のほか，導通チェック，ダイオードの極性判定，コン
デンサの静電容量測定などの機能を持ち合わせている機種もある。この手近な
電気電子計測機器をもとに，本書の解説を始めることとする。

1.1　ディジタルテスタの構造

　製品事例として sanwa 製ディジタルマルチメータ CDS-820 を取り上げる。
本製品は電圧，電流，ダイオードの極性判定，導通チェック，抵抗の測定がで
きる。太陽電池がついており，電池がない状態でも明るい場所であれば使用で
きる。**図 1.1**（a）に正面を示す。

　左下が共通端子（COM），その右が通常使用する端子である。電圧測定端子
と電流測定端子は別々にするのが通例であるが，本製品ではまとまっている。
右下にはカバーがしてある端子があり，12 A を測定する際に使用するが，内
部に**保護ヒューズ**を介さないため，使用には十分な注意が必要である。上部に
はデータホールドのボタン，DC／AC の切り替えボタン，レンジをマニュアル
で切り替えるボタンが備わっている。

　図（b）は裏側から見た内部構造であるが，集積回路に機能が集約されてい
てブラックボックス化していることがわかる。しいていえば，**図 1.2** のダイヤ
ル式セレクタにより計測内容を選べることがわかるものの，最近のディジタル
テスタではこのようなスタイルも減りつつある。

1. ディジタルテスタ

(a) 正　面　　　　　(b) 内 部 構 造

図 1.1　sanwa 製ディジタルマルチメータ CDS-820

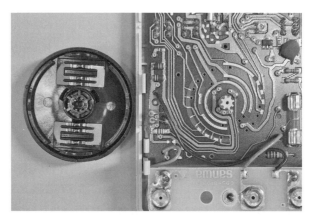

図 1.2　ディジタルテスタのセレクタ

1.2　直流電圧の測定

まず，取り上げたディジタルマルチメータで，いちばんの基本となる直流電

圧を測定する．**図 1.3** に測定方法を示す．図 1.1 の例では電圧測定端子と電流測定端子は同一であったが，通常は別々であることから，以下の図でも分けている．

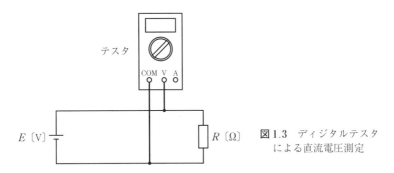

図 1.3 ディジタルテスタ
による直流電圧測定

V（＋）端子に赤のリード線，COM 端子に黒のリード線を接続して，それぞれを測定する回路に接触させる．不安定な場合は，ワニ口クリップで接続してもよい．これにより計測値が表示されるはずである．正常な値が表示されない場合の主原因は**接触不良**である．接触部分やリード線が酸化して導電不良になっていたり，その前後のはんだ付けが不完全で接続が切れていることが多々ある．

1.3 仕様と誤差の考え方

製品の仕様を見ると，測定するレンジにより誤差が異なっていることがわかる．表 1.1 はディジタルマルチメータ CD700 の例である．**rdg** は読み取り値

表 1.1 sanwa CD700 の直流電圧測定仕様

レンジ	確　度	入力抵抗〔MΩ〕
400.0 mV	±（0.5 % rdg ＋ 2 dgt）	≧約 100
4.000 V	±（0.9 % rdg ＋ 2 dgt）	約 11
40.00 V		約 10
400.0 V		
600 V		

(reading) に対する相対誤差を示している。これは分圧・分流器（4 章参照）の精度に依存する。

また **dgt**（digit）は A-D 変換器の精度に基づくディジタル表示値の誤差を示している。例えば 400.0 V レンジで 200.0 V と表示された場合，まず ±0.9 % ×200.0 V = ±1.8 V の誤差がある。これに加え，400.0 V の最後のケタである 0.1 V が最大 2 つ分ずれる，すなわち ±0.1 V×2 = ±0.2 V の誤差が生じることを示している。この場合の**確度**（測定器に生じる最大誤差を含んだ範囲）は，200.0 V±1.8 V±0.2 V = 198.0 〜 202.0 V となる。

また入力抵抗は約 10 MΩ となるので，200 V/約 10 MΩ = 約 20 μA がテスタに流れ込むことがわかる。これはゼロであるのが理想であるが，このくらいの小さい値であれば通常は問題は生じない。

1.4 交流電圧の測定

つぎに図 1.4 により交流電圧を測定する。結線そのものは直流電圧と変りがないが，表 1.2 をもとに交流電圧測定について確認すべき事項がある。

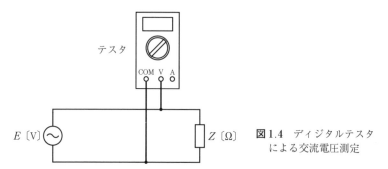

図 1.4　ディジタルテスタによる交流電圧測定

まず測定できるレンジに 400.0 mV がなく，4.000 V が最小となる。そして，備考にある「インバータ電源回路の測定では誤動作することがあります」は，ひずみ波を含んだ測定では誤差が生じる可能性があることを示している。

これらの理由は明示されていないが，整流回路による電圧降下が生じること

1.5 抵抗の測定

表 1.2 sanwa製 CD700 の交流電圧測定仕様

レンジ〔V〕	確　度	入力抵抗〔MΩ〕	備　考
4.000	± (1.2 % rdg + 7 dgt)	約 11	・周波数範囲：40 〜 400 Hz（正弦波） ・周波数が 1 kHz を超える場合，測定できない。 ・インバータ電源回路の測定では誤動作することがある。
40.00			
400.0		約 10	
600			

と，整流後の平均値から実効値を換算して得ているためと理解できる。確度も直流測定より大きくなることに注意が必要である。

1.5　抵 抗 の 測 定

抵抗測定を**図 1.5**に示す。抵抗の測定ではテスタから電圧を与え，それにより生じる電流を計測して算出している。抵抗の測定で注意すべきことは，抵抗器が回路に入っている場合，**う回路**が生じないようにすることである。う回路があると，真値より低い値が表示されるばかりではなく，不必要な箇所に電圧が加わる可能性もあり，場合によっては回路の損傷に結びつく。

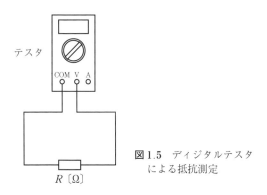

図 1.5　ディジタルテスタによる抵抗測定

表 1.3に抵抗測定の仕様を示す。誤差の考え方はこれまでと同じである。開放電圧 0.4 V を加え，流れた電流をもとに抵抗値を算出している。40.00 MΩ

表 1.3 sanwa製 CD700 の抵抗測定仕様

レンジ	確度	備考
400 Ω	±(1.2 % rdg + 5 dgt)	・開放電圧：約 DC 0.4 V ・測定電流は被測定抵抗の抵抗値によって変化する。
4.000 kΩ		
40.00 kΩ		
400.0 kΩ		
4.000 MΩ	±(2.0 % rdg + 5 dgt)	
40.00 MΩ	±(3.0 % rdg + 5 dgt)	

を測定する際は 10 nA が流れる。

1.6 直流電流および電力の測定

　直流電流の測定を図 1.6 に示す。電圧の測定では回路の切離しが生じなかったが，電流の測定では回路の途中にテスタを入れることになるため，① 回路を切り離した瞬間に異常が発生しないか，② 回路を閉じた瞬間に異常が発生しないか，③ テスタに大電流が流れて焼損に結びつかないか，といったことをあらかじめ検討することが必要となる。

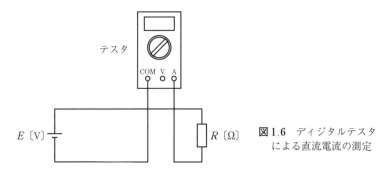

図 1.6　ディジタルテスタによる直流電流の測定

　また，電力を測定したい場合は図 1.7 に従って，電圧と電流を個別に測定して乗算すればよい。電力が一定である負荷であれば，テスタが 1 台しかなくても個別に測定すればよい。

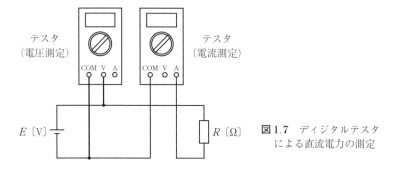

図1.7 ディジタルテスタによる直流電力の測定

1.7　交流電流および電力の測定

　交流電流を測定できるテスタはそれほど多くない。これは対象となる交流電流は比較的大きく、小さなテスタでは十分に**保護**が行き届かないからだと考えられる。測定する際は**図1.8**に従い、直流電流計測と同様に注意を払う。

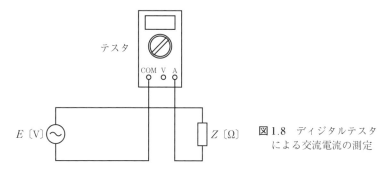

図1.8 ディジタルテスタによる交流電流の測定

　しかし図1.9のような交流電力の測定は、直流電力測定と同様にはいかない。なぜなら電圧と電流には**位相差**があるが、その位相差をテスタでは計測できないからである。
　純抵抗負荷であれば電圧と電流の乗算値が有効電力、純インダクタンス負荷（コイル）、または、純キャパシタンス負荷（コンデンサ負荷）であれば、電圧と電流の乗算値が無効電力となる。このように限定された条件でのみ適用可能

1. ディジタルテスタ

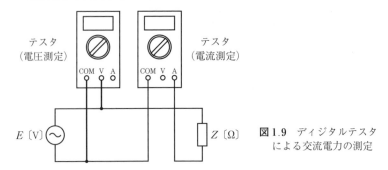

図1.9 ディジタルテスタによる交流電力の測定

な方法であると考えるべきである（より厳密には電圧，電流とも正弦波であることが前提となる）。

演 習 問 題

【1】 ポケットサイズ（スマートフォンと同じぐらいのサイズ）のテスタが市販されている。製品例とその仕様を調べ，性能的に劣る点について説明しなさい。

【2】 有効けたが多めに取れるテスタが市販されている。製品例とその仕様を調べ，どの程度の精度が保証されるのか説明しなさい。

【3】 測定している電圧が脈動していて測定が難しい場合，どのような対策が有効であるか説明しなさい。

【4】 表1.1の400.0 mVレンジで100.0 mVが表示された。確度を求めなさい。

2 オシロスコープ

ディジタルテスタのつぎに身近な計測機器はオシロスコープであろう。かつては1台数十万円するアナログオシロスコープしか存在せず，なじみが薄い存在であったが，最近では廉価なディジタルオシロスコープが普及して，非常に身近になった。ディジタル形ならではの機能も豊富であり，大変幅広く使用できる計測機器である。本章では基本的な操作方法を順に説明する。なおオシロスコープは多くのメーカーにより販売されており，メーカーや機種により操作方法が少し異なる部分もあるが，できるだけ共通となる表現を用いた。

2.1 オシロスコープの基本的な使用方法

図 2.1 は標準的な**ディジタルオシロスコープ**である。ボタンやダイヤルが多

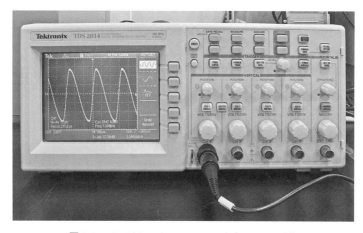

図 2.1　ディジタルオシロスコープ（Tektronix 製）

くあるが，基本的な使用方法は難しくない。ただしテキストだけでの理解は時間を要する。実際に触って慣れ親しむのが使いこなすコツである。

電圧を測定するには**図2.2**の**電圧プローブ**を使用する。

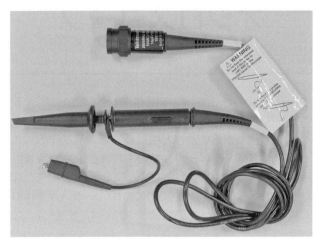

図2.2 電圧プローブ

一定周期を有する電圧波形を測定することを考える。**図2.3**のように，付属の電圧プローブをチャネル1（CH 1）に接続する。カギ形になっているチップ（プローブの先端）を回路のプラス側，ワニ口クリップを回路のマイナス側に接続する。交流回路の測定では，基準側として想定される側をマイナスと見なす。基準が特にない場合では，自分で決める必要がある。

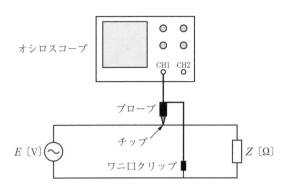

図2.3 オシロスコープによる電圧波形の測定

2.1 オシロスコープの基本的な使用方法　　11

AUTO ボタンを押すとディスプレイに波形が表示される。

この AUTO ボタンにより，測定している電圧の周期を判定して，横方向の幅を自動設定する。また波形の幅も自動判定して，見やすいサイズに表示する機能もある。

つぎに**図 2.4** のように**波形の水平方向表示**を微調整する。HORIZONTAL の枠内の POSITION のダイヤルを回すと波形を左右方向に移動できる。また SEC/DIV のダイヤルを回すと，水平方向の拡大縮小ができる。これは観測している時間を変化させていることを意味している。

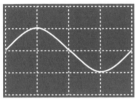　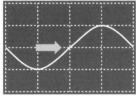　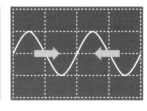

（a）観測された波形　　（b）水平方向の移動　　（c）水平方向の拡大率の変更

図 2.4　水 平 方 向 の 変 更

今度は**図 2.5** のように**波形の垂直方向表示**を微調整する。VERTICAL の枠内の POSITION のダイヤルを回すと波形を上下に移動できる。また VOLTS/DIV のダイヤルを回すと，垂直方向の拡大縮小ができる。これは観測している電圧幅を変化させていることを意味している。

この波形の読み取りを行い，想定した波形が得られているかを確認する。例

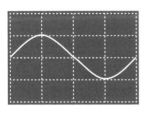　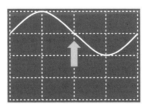　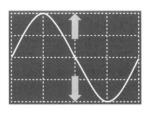

（a）観測された波形　　（b）垂直方向の移動　　（c）垂直方向の拡大率の変更

図 2.5　垂 直 方 向 の 変 更

えば 10 V, 50 Hz の交流電圧波形であれば, 電圧振れ幅は $-14.1 \sim +14.1$ V, 周期は 20 ms である。ディスプレイ上には設定された SEC/DIV と VOLTS/DIV が表示されている。DIV は Division (区域) の略であり, 1 マス分の幅 (通常は 1 cm) 当たりの時間や電圧を示している。観測された波形に対応するマス目を数えて, 想定したとおりの波形であるかどうかを確認する。

このように基本的な確認が十分できておらず, せっかく観測したデータが無意味となることが少なくない。自動設定に頼り切らず, どのような結果が得られるかを想定して, 測定結果を得るたびに信憑性を確認する姿勢が重要である。

つぎの例として, **図 2.6** のように交流成分と直流成分が混ざった電圧の測定を考える。このような場合, オシロスコープの設定の中で, **DC カップリング**と **AC カップリング**のいずれかを選択する必要がある。両成分が混ざった電圧そのものを観測したい場合は, DC カップリングを選ぶ。直流成分をカットして交流成分だけを観測したい場合は, AC カップリングを選択する。

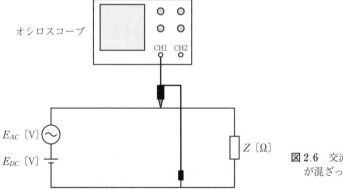

図 2.6　交流成分と直流成分が混ざった電圧の測定

観測結果は**図 2.7** のようになる。なおカップリングにもグランドがある。これは入力信号ゼロの状態を作り出して, ゼロ点の高さの位置を確認するために使用する。

測定値の取得方法は, 読み取り値だけでは精度が出ない。**CURSOR ボタン**

2.2 トリガ機能 13

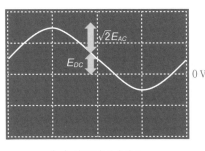 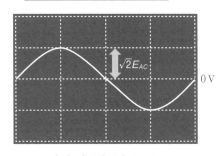

（a）直流成分も含む　　　　　　　（b）直流成分をカット

図2.7　交流成分と直流成分が混ざった電圧の表示

を押すとカーソルが表示されて，指定した時間の値を表示させることができる。

また **MEASURE ボタン**を押すと，周波数，周期，平均値，P-P（ピーク to ピーク）値，実効値，最大値，最小値，立上り時間，立下り時間などを測定できる。

2.2　トリガ機能

2.1節での自動設定では，自動的にトリガレベルの設定も行われている。トリガとは，測定値をスキャンするタイミングのことである。例えば**図2.8**のような周期波形の場合，毎回のスキャンするタイミングは固定となっている。この場合は，波形が0.5に達したときにスキャンを開始するように自動的に設定

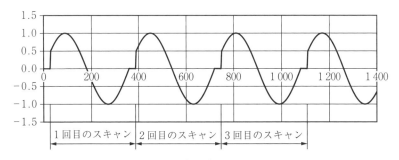

図2.8　タイミングが固定（同期）でスキャンされている場合

されているのである。これを同期しているという。

このようにトリガが選定されることで，図2.9のように同一波形がディスプレイに表示され，安定した波形観測ができるのである。

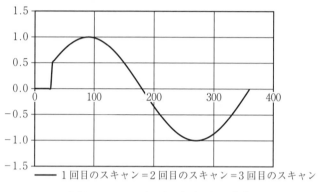

図 2.9　ディスプレイに表示される波形

もし，トリガが適切に設定されていない場合は，図2.10のように周期波形とスキャンのタイミングが同期せず（非同期），図2.11のように複数の波形が交互に表示されることとなる。

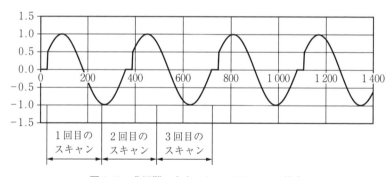

図 2.10　非同期のままスキャンされている場合

このようにトリガのかけ方は重要である。自動設定を使用する限りあまり問題はないが，マニュアルで設定する場合には，どのポイントを取り出したいのかを検討する必要がある。

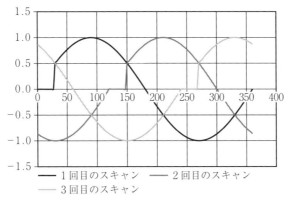

図 2.11　ディスプレイに表示される波形

トリガレベル（判定する電圧）はディスプレイに表示されている。これはダイヤルで変更できる。トリガが動作する値（しきい値）はトリガ・スレッショルドと呼ばれ，その値を上回った瞬間（立上り），または，下回った瞬間（立下り）で動作する。

　自動設定を使用して安定した波形を得たのち，ダイヤルで変更して信号の幅を外れると，同期が取れず波形が不安定となる。これも確認しておいた方がよいであろう。

　トリガソースは通常はチャネル 1 の信号を用いるが，別のチャネル，外部信号，**AC ライン**も選択できる。AC ラインとは，オシロスコープの電源となる商用交流周波数のことである。商用電源の整流回路のように，商用周波数と同期した出力信号を測定する場合，選択することが可能である。

2.3　量子化・サンプリングと分解能

　測定している信号は連続性をもっているが，ディジタルオシロスコープで計測する場合は離散的な信号として扱われる。内蔵する **A-D 変換器**の条件により**量子化**（量的な離散化）される。例えば 8 bit であれば 0 〜 255 のレベルに離散化される。また，**サンプリング**周期により，時間方向の離散化の度合いも

決まってくる。これらにより測定誤差が生じる。このイメージを図 2.12 に示した。

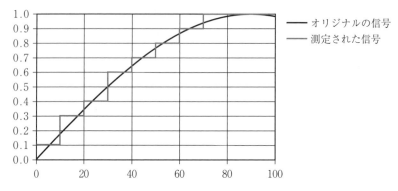

図 2.12　量子化・サンプリングによる測定誤差の発生

これらはまとめて**分解能**と呼ばれる。高い分解能を求めるのであれば，高価なオシロスコープを選択する必要がある。特にサンプリング周期に近い周期の信号を測定すると，誤差が大きくなる。図 2.13 にこれを示している。

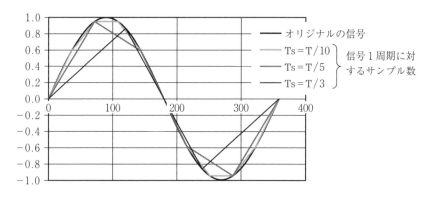

図 2.13　サンプリング数を下げたときの測定結果の変化

信号周期の 1/10 程度であれば形状はほぼ保たれるが，これより長いと波形が本来とは異なってくる。これは**エイリアシング**と呼ばれる。まったく異なった波形が得られることもある。最悪でもサンプリング周期は対象信号の 1/2 以下である必要がある。すなわち，サンプリング周波数は信号周波数の 2 倍以

上が必須である。

　測定信号には，基本成分に細かいノイズが重畳していることがある。例え
ば50 Hzの商用交流波形にインバータが起因するkHzオーダーの信号が加わっ
ていることがある。このようなことが想定される場合，MHzオーダーのサン
プリング（周期 μs オーダー）での観測も行い，何が発生しているかを判断す
る必要がある。

2.4　周　波　数　特　性

　オシロスコープには必ず**周波数特性**があり，本体にも表示されている。高周
波領域になるほど入力信号が減衰して観測され，−3 dB（70.7 %）となる周
波数をもって**周波数帯域**としている。これはオシロスコープの特性を決める重
要な要素である。周波数帯域100 MHzのオシロスコープであれば，一けた低
い10 MHz程度が問題なく測定できる範囲である。これを超えると測定した波
形の減衰や変形に至る。

　一方，電圧プローブにも周波数特性がある。電圧プローブには，**減衰倍率**が
設定できる場合がある。1X（1：1）と10X（1：10）の2種類を選べるのが一
般的であり，プローブ根元のスイッチで切り替える。10Xのみの場合もある。
10Xに設定した場合は，測定電圧が分圧されてオシロスコープには1/10の信
号が入力される。したがって，読み取り値を10倍して読み取る。なお，最近
のオシロスコープでは，この減衰倍率をあらかじめ設定できる。

　減衰倍率の違いは，単に測定できる電圧の範囲が異なるだけではない。減衰
倍率が大きい方が周波数帯域が広く取れるという利点がある。例として1Xの
場合は帯域幅が6 MHzに制限されるが，10Xの場合は制限が掛からないとい
う製品がある。

　10Xの電圧プローブには静電容量を補正するトリマがついている。これにつ
いて，**図2.14**をもとに説明を進める。

　プローブには直列抵抗成分があり，オシロスコープにも内部抵抗成分があ

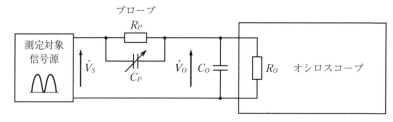

図 2.14 電圧プローブとオシロスコープの等価回路

る。また線間の静電容量も無視できない。このような**等価回路成分**が存在することにより，プローブの先端で測定した電圧信号波形と，オシロスコープに取り込まれる電圧信号波形が異なってしまう。そこで

$$\text{分圧比} \quad \frac{\dot{V}_O}{\dot{V}_S} = \frac{\dfrac{R_O(1/j\omega C_O)}{R_O+1/j\omega C_O}}{\dfrac{R_P(1/j\omega C_P)}{R_P+1/j\omega C_P}+\dfrac{R_O(1/j\omega C_O)}{R_O+1/j\omega C_O}} \qquad (2.1)$$

に注目する。これが任意の角周波数 ω において一定となる条件は

$$R_P C_P = R_O C_O \qquad (2.2)$$

である。すなわち，この条件を満たせば，任意の波形がひずむことなく，きれいに分圧されてオシロスコープに取り込まれることとなる。

静電容量を補正する**トリマ**により，C_P は数十 pF の範囲で補正できる。これを測定前に校正しておく。オシロスコープにはプローブ出力補正端子があり，ここから矩形波（例 1 kHz）が出力されている。これをプローブで測定する。きれいな矩形波がディスプレイに表示されなければ，トリマを回して静電容量を調整する。

2.5 電流計測

（1） 直列抵抗を用いる場合

オシロスコープが直接測定できるのは電圧だけであり，電流は不可能である。そこで，**図 2.15** のように測定したい回路に直列に抵抗 R を挿入して，そ

2.5 電流計測　　19

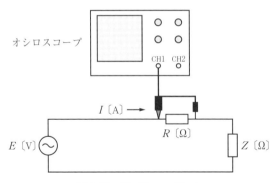

図 2.15　電流の測定

の測定電圧 V から換算する方法がまず考えられる。

$$I = \frac{V}{R} \tag{2.3}$$

　この方法は安価であるのが特徴であるが，抵抗による電圧降下が発生し，本来の測定条件とは異なることが欠点である。また後述するように，複数の信号を測定する際の共通グランドを取る必要があることから，結線の制約が発生することもある。

（2）**電流プローブ**

　電流プローブを使用すると，電流に比例した電圧を取り出すことができる。プローブは一般には**図 2.16** のように**クランプ式**であり，測定対象の電線を挟んで使用する。取り出した電圧と測定電流の比率は $0.1\,\mathrm{V/A}$ のように与えられるため，オシロスコープ側でこの比率をあらかじめセットする必要がある。

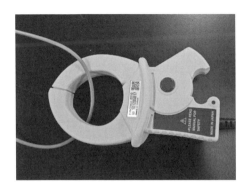

図 2.16　クランプ式の電流プローブ

20   2. オシロスコープ

電流プローブは図2.17のようにスライドするか，図2.16のように洗濯バサミのように開く構造となっており，手軽に使用することができる。

電流プローブには交流電流のみを測定できるタイプと，直流電流も測定できるタイプがある。商用電源の交流電流測定においては，測定した交流電流そのもので電圧を発生できるため，新たな電源が不要であるのが一般的である。図2.18は，直流電流も測定できる電流プローブの例である。測定対象の電流の大きさが小さい場合，クランプ部分に電線を巻き付ける方法がある。観測される電流の大きさは巻数に比例する。

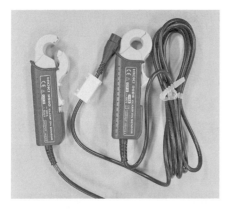

図2.17 電流プローブを開いた状態（左）と閉じた状態（右）

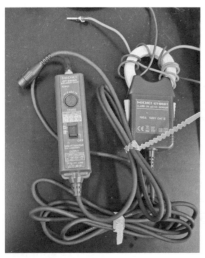

図2.18 直流電流も測定できる電流プローブの例（左のアダプタ内に電池が入っている。右は測定の精度を上げるため，電線を複数回巻き付けている）

2.6　電流プローブの種類[1]

電流プローブの内部は図 2.19 のように鉄心とコイルなどで構成されている。これにはさまざまな種類と特徴がある。配電盤の**導通判定**のように商用周波数交流のみで概略値がわかればよい場合もあれば，パワーエレクトロニクスの機器評価のように，直流成分やマイクロ秒オーダーでのデータが必要な場合もある。用途に応じて適切な電流プローブを選択する必要がある。以下に**電流センサ**別の特徴を見ていく。

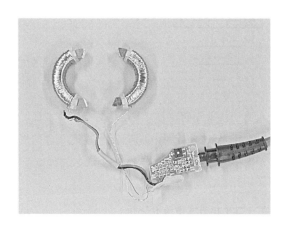

図 2.19　電流プローブの内部

（1）　**CT 方式電流センサ**

CT 方式電流センサの原理図を図 2.20 に示す。測定電流により鉄心が励磁され，これを打ち消すように二次側の電流が流れる。すなわち一次側の巻線の巻き数が 1 の変圧器と同様である。この電流によって生じた電圧を計測すれば測定電流が求まる。構造が簡単で安価であるが，直流の測定はできない。

（2）　**ホール素子方式電流センサ**

ホール素子方式電流センサの原理図を図 2.21 に示す。測定電流によって生

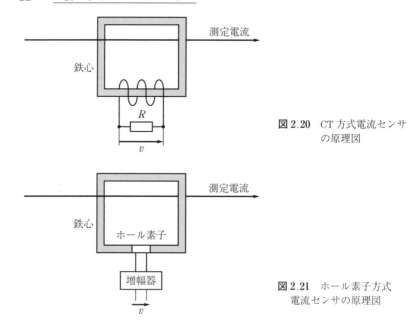

図 2.20 CT 方式電流センサ
の原理図

図 2.21 ホール素子方式
電流センサの原理図

じた磁束をホール素子により測定して，増幅器で換算する。直流から数 kHz まで使用可能であるが，ホール素子の非直線性，鉄心の非線形性により精度は低くなる。ホール素子には，温度変化や経年による特性変化という欠点もある。

（3） ロゴスキーコイル方式電流センサ

ロゴスキーコイル方式電流センサの原理図を**図 2.22** に示す。空心コイルを用いて測定電流による磁束を測定する。空心コイルに生じた誘導起電力を時間

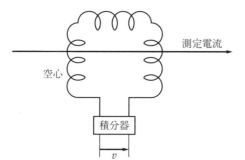

図 2.22 ロゴスキーコイル方式
電流センサの原理図

積分することにより,測定電流に比例した成分が得られる.磁気飽和や磁気損失がないのが特徴であるが,直流の測定は不可能,外部磁界の影響を受けやすいなどの欠点がある.

(4) AC ゼロフラックス方式(巻線検出形)電流センサ

AC ゼロフラックス方式(巻線検出形)電流センサの原理図を図 2.23 に示す.CT 方式電流センサの発展形であり,低周波域の特性を改善するため帰還巻線があり,鉄心の磁束を打ち消す役割がある.低周波域まで測定できるのが特徴であるが,直流の測定はできない.

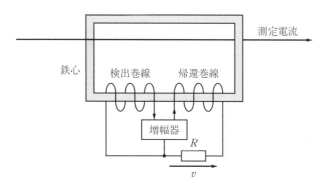

図 2.23　AC ゼロフラックス方式(巻線検出形)電流センサの原理図

(5) AC-DC ゼロフラックス方式(ホール素子検出形)電流センサ

AC-DC ゼロフラックス方式(ホール素子検出形)電流センサの原理図を図 2.24 に示す.CT 方式電流センサとホール素子方式の複合形である.打ち消されない磁束をホール素子で検出して,これを打ち消すように二次電流を流す.このとき,二次側の抵抗の両端に生じる電圧を利用して計測する.直流も測定できる点で優れている.

(6) AC-DC ゼロフラックス方式(フラックスゲート検出形)電流センサ

AC-DC ゼロフラックス方式(フラックスゲート検出形)電流センサの原理図を図 2.25 に示す.前述の方式と似ているが,フラックスゲート素子を使う点が異なる.この素子の温度特性はホール素子に比べて優れており,安定した計測が実現できる.

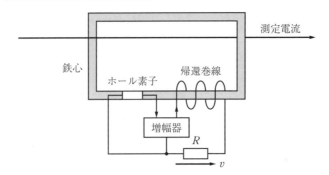

図 2.24 AC-DC ゼロフラックス方式（ホール素子検出形）電流センサの原理図

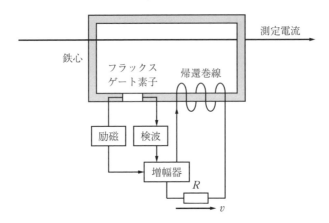

図 2.25 AC-DC ゼロフラックス方式（フラックスゲート検出形）電流センサの原理図

2.7 複数の信号の同時計測

オシロスコープにはチャネルが複数ある．最低でも2チャネル，やや高級機種になると4チャネルとなる．複数の信号を測定すれば，図 2.26 のように信号どうしの関係を知ることが可能となる．

図 2.27 では，Eの電圧をチャネル1，Rの電圧をチャネル2で測定している．オシロスコープのグランドは機器内で共通となっているのが原則である．

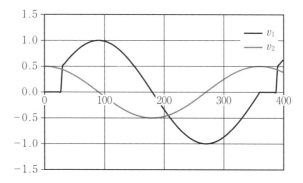

図 2.26　複数の信号の測定結果

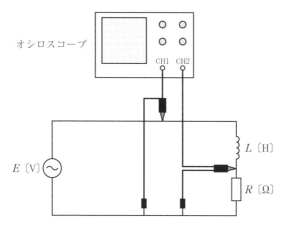

図 2.27　複数の信号の測定方法（その 1）

したがって，両方のプローブのグランド側は，同電位の場所に接続している。トリガは何を基準に測定したいかにより，いずれかのチャネルに設定する必要がある。ただし，図 2.26 のように両方の電圧信号が同一周期である場合は，いずれでも問題ない。

図 2.28 は誤った接続方法である。両プローブのグランドが異なる電位の場所に接続されている。これでは正しい計測ができないばかりではなく，R の両端がオシロスコープ本体内で短絡されており，本来とは異なる回路構成となる。短絡時に大電流が流れて発火や**機器損傷**に結びつく場合があり，十分注意

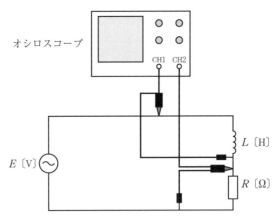

図 2.28　複数の信号の測定方法（その 2）：誤り

する必要がある。

　これを回避する方法として，図 2.29 のように両プローブのグランドを共通にする。チャネル 2 では正負が反転されて測定されるため，チャネル 2 に対して**反転**（INV）の設定を行う。

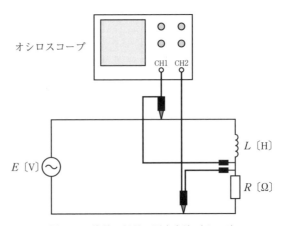

図 2.29　複数の信号の測定方法（その 3）

　図 2.30 のように，一見して別々の回路を測定する場合も注意が必要である。別々のように見えても，見えない場所でつながっている場合がある。両回路のグランド間に電位差がないことを先に確認しておくのがよい。

2.7 複数の信号の同時計測　　27

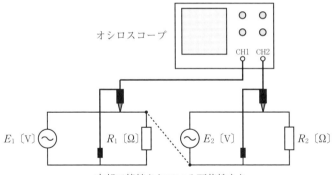

図 2.30　複数の信号の測定方法（その 4）

最後に図 2.31 に示す**ダイオード単相全波整流回路**の計測方法を説明する。このような回路を評価する場合，交流入力 v_{AB}，整流後の電圧 v_{CE}，平滑後の電圧 v_{DE} の各電圧をオシロスコープで計測することになるが，これまで説明した方法では不可能である。このような場合，4 チャネルを使用して，E を各プローブのグランドとする。そして

・チャネル 1 は A-E 間
・チャネル 2 は B-E 間
・チャネル 3 は C-E 間
・チャネル 4 は D-E 間

を測定する。ここでオシロスコープには簡単な**演算機能**が備わっているので，

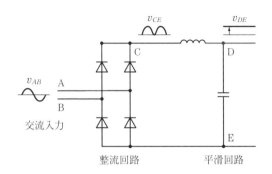

図 2.31　ダイオード単相全波整流回路の計測

これを利用する。チャネル1とチャネル2の差を表示するように設定すれば，交流入力 v_{AB} を表示することができる。演算機能には加減算と乗算がある。瞬時電力を知りたい場合には乗算機能が有効である。

2.8　リサージュ波形

オシロスコープのやや特殊な使用方法として，**リサージュ波形**の表示がある。**XYフォーマット**と呼ばれることもある。X軸には時間ではなくチャネル1，Y軸にはチャネル2を割り当てる。すると両測定信号の位相差や周期比（あるいは周期比）を知ることができる。

図 2.32 は同一周期のリサージュ波形の例である。同相であれば直線，90°の位相差があれば円形，それ以外であれば斜め円の軌跡となる。

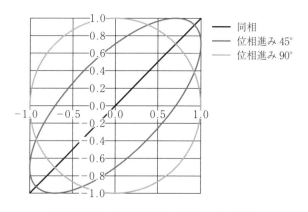

図 2.32　同一周波数の場合のリサージュ波形

周期が異なる場合は，位相差によっても軌跡が変るので，理解がやや難しい。**図 2.33** はチャネル2の信号周波数がチャネル1の2倍の場合である。X軸方向に1往復する間にY軸方向に2往復している。

図 2.34 はチャネル2の信号周波数がチャネル1の3倍の場合である。X軸方向に1往復する間にY軸方向に3往復している。このように軌跡の軸方向

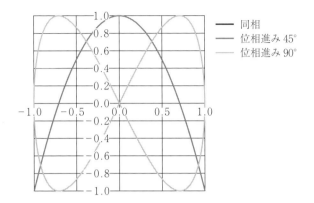

図 2.33　2 倍の周波数の場合のリサージュ波形

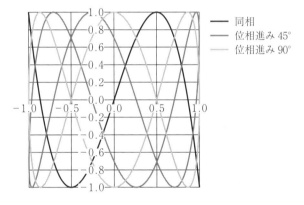

図 2.34　3 倍の周波数の場合のリサージュ波形

への往復回数の比率で，周波数の比率がわかる．

2.9　波形の記録

　測定した波形の記録方法にはいくつか方法がある．もっとも簡単なのはディスプレイに表示されたイメージを **BMP**（ビットマップ）**形式**や **JPEG**（ジェイペグ）**形式**で保存する方法である．図 2.35 のように表示された内容そのものであり，速報的な記録として使用できる．保存先は外付けする USB メモリ

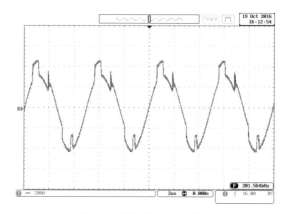

図 2.35　画像イメージの出力

となる。なお，オシロスコープの機種によっては使用できる USB メモリの最大容量に制限があるため（例 1 GB），注意が必要である。

別の代表的な記録方法として **CSV 形式**による測定データの保存がある。CSV 形式では，**図 2.36** のように時間と測定値を数値として保存する。これを PC で取り入れ，**図 2.37** のようにエクセルなどの表計算ソフトで処理することで，高度な加工編集が可能となる。

Time[s]	Ch1	Ch2	Ch3	Ch4	Ch5
0.1	2.514711	−0.115004	−0.012819	0.659993	1.350751
0.2	2.514711	−0.114272	−0.016482	0.66512	1.352216
0.3	2.515444	−0.113539	−0.008424	0.667318	1.353681
0.4	2.515444	−0.112807	−0.010988	0.671713	1.355878
0.5	2.514711	−0.115371	−0.012453	0.67391	1.357343
0.6	2.514711	−0.113539	−0.013551	0.679038	1.360273
0.7	2.515444	−0.112074	−0.012086	0.680503	1.361738
0.8	2.515444	−0.11244	−0.010621	0.685631	1.363936
0.9	2.515444	−0.11244	−0.008424	0.689293	1.364668
1	2.515444	−0.112074	−0.003296	0.692223	1.366866
1.1	2.515444	−0.112074	−0.009156	0.696618	1.368331
1.2	2.515444	−0.113173	−0.006959	0.699548	1.370529
1.3	2.515444	−0.114272	−0.004395	0.703211	1.371261
1.4	2.515444	−0.112074	−0.006959	0.707606	1.372726
1.5	2.515444	−0.113173	−0.010255	0.708338	1.374924
1.6	2.515444	−0.112074	−0.01465	0.712001	1.376389
1.7	2.515444	−0.112807	−0.013551	0.714931	1.378586
1.8	2.514711	−0.112807	−0.013185	0.717861	1.379319
1.9	2.515444	−0.112807	−0.013185	0.720059	1.380784

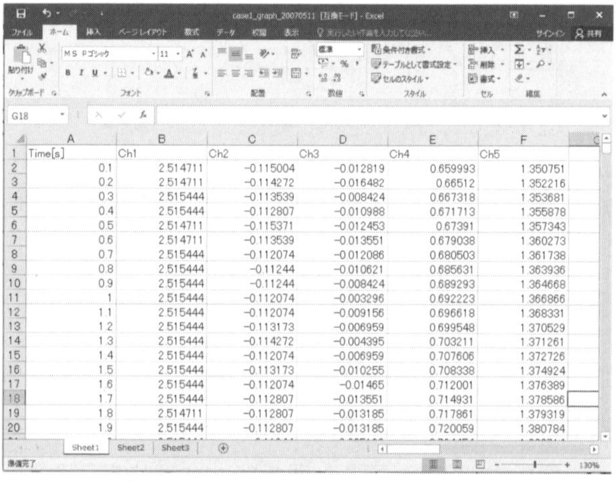

図 2.36　CSV 形式によるデータ出力

2.9 波形の記録   31

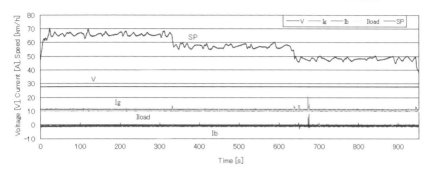

図 2.37 エクセルで加工したグラフ

一方,最近ではスマートフォンの普及により,動画として記録することも手軽になってきている。図 2.38 は動画撮影の一例であり,パラメータを徐々に変更すると波形が変化することが連続的に理解できる。

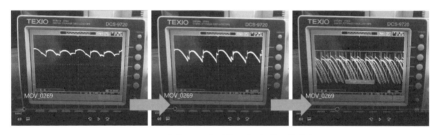

パラメータを徐々に変更すると波形が変化する

図 2.38 動 画 の 撮 影 例（ 1 ）

図 2.39 はオシロスコープの例ではないが,電源設定,メータ表示,PC での表示が連動していることを動画としていることで,相対的な動作状況や操作ミ

電源設定,メータ表示,PC での表示が連動していることを確認

図 2.39 動 画 の 撮 影 例（ 2 ）

スがないことを確認できる。実験環境とは異なる場所での検証では大変便利である。

このほか，専用のアプリケーションソフトを用いて，USB ケーブル経由で PC から測定結果を解析・保存できる場合もある。

2.10 ノ イ ズ 除 去

オシロスコープに限らず，多くの信号測定において，**ノイズ**が加わり正常な測定ができないことはしばしばある。信号線が長ければ長いほど，外部の電界や磁界の影響を受けて，測定値にノイズが重畳される。

図 2.40 は代表的なノイズ対策であり，図（a）はオシロスコープの接地線を確実に接地することで，オシロスコープ外箱の電位を大地と同電位にする。また図（b）は信号線にフェライトコアを設けることで，高周波電流の流れを抑制する。このほか，信号線そのものをシールドする方法や，その片側をグランド線として扱う方法がある。さらに，外部磁界の影響をキャンセルさせるために信号線をツイストする方法もある。

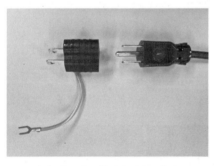
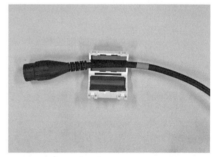

（a）接地線の接地を確実に行う　　（b）信号線にフェライトコアを入れる

図 2.40　代表的なノイズ対策

上記の方法でもノイズが除去されない場合，ノイズの発生源に立ち返り，対策を考えることが必要となる。ノイズには，まず信号源そのものにノイズ源が

入る**ノーマルモードノイズ**がある．対策として，多くの場合ノイズは高周波であり，測定したい信号は低周波であるから，図2.41のようにローパスフィルタを用いて高周波を除去することが有効である．

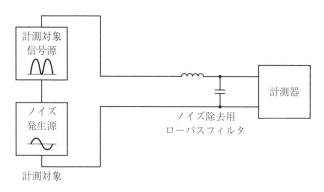

図2.41　ローパスフィルタによるノイズ対策

もう1つのノイズは，**コモンモードノイズ**である．これは外部にノイズ源があることに加え，大地から絶縁されている測定対象でも，対地静電容量があるためにノイズが信号線に流入することにより生じるものである．対策として図2.42のようにトロイダルコアを用いる．これは同相の電流成分だけを通過させる働きをもつ．

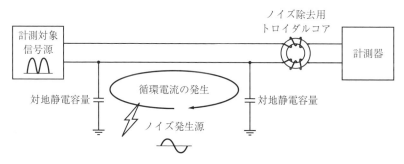

図2.42　トロイダルコアによるノイズ対策

2.11 スペックの見方

オシロスコープは測定チャネル数や周波数帯域などのスペックにより，**表 2.1**の例のように価格が異なる．大は小を兼ねるとはいえ価格幅は広範囲であり，測定対象に応じた適切な機種選定が必要となる．

Column

アナログ式オシロスコープの良いところ

アナログ式（ブラウン管式）オシロスコープの利点は，波形が測定と同時にディスプレイに表示されることである．あまり正確に操作方法を理解していなくても，ポンポンとボタンを押して，ガチャガチャとダイヤルを回していくと見たい表示内容にだんだんと近づいていく．これは，いささか素人的ではあるが，なかなか面白い．

ディジタル式で同様の操作をマニュアルで行おうとしても，ほんの一瞬ではあるが表示の遅れがあり，入力の変化と表示の関係がわかりにくいのが残念である．

図2.43ではリサージュ波形を表示しているが，信号の位相を変化した際の表示波形の変化を直感的に理解する点では，やはりアナログ式の方が優れている．

図2.43　アナログ式オシロスコープによるリサージュ波形

演　習　問　題　　*35*

表2.1 スペックによる価格の違い

モデル例〔No.〕	チャネル	周波数帯域〔MHz〕	最大サンプルレート〔GS/s〕*	レコード長	価格〔万円〕
1	2	50	1	2.5 k ポイント	5
2	2	70	1	2.5 k ポイント	8
3	4	60	1	2.5 k ポイント	10
4	2	200	2	2.5 k ポイント	17
5	2	70	1	20 M ポイント	15
6	2	100	1	20 M ポイント	18
7	4	70	1	20 M ポイント	23
8	4	100	1	20 M ポイント	27

*　ギガサンプル/秒

演　習　問　題

【1】 電流プローブには 100 MHz オーダーの高周波測定も可能な製品もある。その製品例と仕様，用途について説明しなさい。

【2】 ペン形 USB オシロスコープについて調べ，利点と欠点を説明しなさい。

【3】 ロジックアナライザについて調べ，オシロスコープとの相違点について説明しなさい。

3 指　示　計　器

　指示計器とはアナログメータであり，針が動いて値を指示する計器である。近い用語で直動式計器もある。これは測定信号が指針を動作させる電源として作用する計器を示す。

　指示計器は衝撃に弱い欠点があり，ディジタル機器が普及してきたことなどにより衰退の方向に向かっているとはいえ，これらの機器もまだまだ健在である。その理由としては，① 視覚的・直感的に動作が確認可能，② 堅牢であり長期使用に耐久可能，③ 直動式計器は電源不要，の３点が挙げられる。本章では細かい説明は専門書に譲り，概略について解説する。

3.1　指示計器の構造

　指示計器の代表は**アナログテスタ**である。ここでは HOZAN テスタ DT-105 を例として説明する。

　図 3.1（a）は正面である。直流電圧，交流電圧，直流電流，抵抗，静電容量の測定が可能である。使い方は，ダイヤルを回して計測内容項目とレンジを選択する。メータ部分には多数の目盛がついている。計測内容とレンジに対応させて，どの目盛を使用するのか自分で判断する必要がある。**フルスケール**を超えた測定を行うと可動コイルが破損する可能性があるため，不安なときは高いレンジから順番に設定して計測を繰り返すとよい。

　図（b）は裏側から見た内部構造である。ダイヤルの周辺には多くの抵抗器が見えるが，これは分圧や分流のためである。左下にはヒューズ（矢印）があり，電流測定の際に過電流となり焼損するのを防止している。

3.1 指示計器の構造

(a) 正　　面　　　　　　　　(b) 内 部 構 造

図3.1　アナログテスタの正面と内部構造

図3.2 がメインである**可動コイル形指示計器**である。正面の透明カバーを外した状態である。写真ではわかりにくいが，固定子には永久磁石があり，可動コイルに渦巻き状のばねを介して電流が流れると，磁束が発生して回転する。機械仕掛けであるため，ゼロ点を固定にせず，中心下の金具（矢印）で微調整できるようにしてある。これは正面のカバーを取り付けた状態でもマイナスド

(a) 全　　体　　　　　　　　(b) 拡　　大

図3.2　可動コイル形指示計器

38   3. 指 示 計 器

ライバーで調整可能である。

　可動コイル形指示計器は振動や衝撃，そして過電流に弱い。しかし電圧測定
や電流測定であれば電源は不要である。また変化の度合いが直視できるため，
数 Hz 以下の変動であれば，その様子を直感的に理解することが可能である。
これはディジタル数値表示では不可能であり，たとえディジタル映像による表
示でも物足りない。

3.2　指示計器の記号

指示計器は広く使用されており，使用方法や種類の記号も定められている。
JIS C 1102-1 では**表 3.1** および**表 3.2** の規定があり，ここに紹介する。

表 3.1　計器および付属品の取り付け姿勢

項　　　　目	記　　号
目盛版を鉛直にして使用する形式	⊥
目盛版を水平にして使用する計器	⌐
目盛版を水平から傾斜した位置（例：60°）で使用する計器	∠60°

表 3.2　計器および付属品の一般記号

項　　　目	記　号	項　　　目	記　号
永久磁石可動コイル形計器	∩	可動鉄片形比率計	
永久磁石形比率計	∩⊗	空心電流力計形計器	
可動永久磁石形計器	◀▶	鉄心入電流力計形計器	⊕
可動永久磁石形比率計	✳	空心電流力計形比率計	✳
可動鉄片形計器		鉄心入電流力計形比率計	⊛
有極可動鉄片形計器		誘導形計器	

表3.2 （つづき）

項　目	記　号	項　目	記　号
誘導形比率計		絶縁熱電対（熱変換器）	
バイメタル形計器		測定回路における電子デバイス	
静電形計器		補助回路における電子デバイス	
振動片形計器		整流器	
非絶縁熱電対（熱変換器）			

3.3 指示計器の許容差

フルスケール[†]に対する**許容値**は JIS C 1102 によって**表3.3**のように定められている。例えば 200 V レンジ，0.5 級の指示形電圧計で 10.0 V を測定した場合，許容差は 200 V×(±0.5 %) = ±1.0 V であるので，測定値は 10.0 V±1.0 V = 9.0 ～ 11.0 V の範囲にあると考える。

表3.3　フルスケールに対する許容値

階級	0.2	0.5	1.0	1.5	2.5
許容差	±0.2 %	±0.5 %	±1.0 %	±1.5 %	±2.0 %

これはディジタルメータとは考え方が異なるので注意が必要である。測定値に近くて高い側の，適切なレンジを選ぶことが，測定精度の向上に役立つことがわかる。

3.4 電流計と電圧計

指示計器のうち，電流計と電圧計は，いずれも可動コイル形または可動鉄片

---

†　測定最大値。本書では f.s. と略記。

40　3. 指　示　計　器

形である。測定する電圧または電流をもとに，4章で説明する倍率器や分流器を用いて，可動コイルの駆動に必要な微小電流を発生させている。交流形ではダイオード整流回路も用いるため，順方向電圧降下が加わることから，微小電圧や微小電流の測定は不可能である。

図 3.3には可動鉄片形交流電流計（5 A）の製品例としてYOKOGAWA製携帯用交流電流計2013を示す。本製品では5，25 Aの2レンジがある。またパネルを見ると5Aレンジなら0.5 A（10 %）以下，25 Aレンジなら2 A（8 %）以下の測定は不可能であることがわかる。さらに記号から可動鉄片形であること，「**目盛盤**を水平にして使用する計器」であることもわかる。立てて使用してはいけないのであるが，失念しがちであり注意が必要である。

（a）全　体

（b）指 示 部 分

図 3.3　YOKOGAWA製携帯用交流電流計2013

3.5 電　力　計　　41

図 3.4　YOKOGAWA 製携帯用交流電圧計 2013

図 3.4 の可動鉄片形交流電圧計も同様である。

3.5　電　力　計

図 3.5 は YOKOGAWA 製**空心電流力計形**の電力計である。空心電流力計形では，可動コイルと固定コイルにそれぞれ電流が流れ，両方が励磁されることで可動コイルの回転力が発生する。電力の測定では，電圧と電流の同相成分の乗算値が必要であり，それぞれの成分を各コイルに配分することで，電力に応じた指示値を得ることができる。

（a）全　　体　　　　　　　　　（b）注 記 部 分

図 3.5　YOKOGAWA 製空心電流力計形電力計

製品例として図3.5に示したYOKOGAWA製携帯用単相交流電力計2041では，電圧は120Vと240V，電流は1Aと5Aが選択できる。よって適切な電圧と電流を選択して，使用する端子を変える。またスケールは1つしかなく，指示値に指定された乗数を掛けることとなる。この点が少し難しい（**図3.6**参照）。

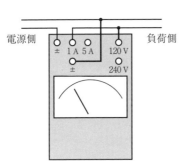

図3.6 結線と指示値の扱い

演 習 問 題

【1】 指示形直流電圧計がないため，やむをえず指示形交流電圧計を用いて直流電圧を測定したところ，指示値が得られた。しかしこの値は真値ではない。その理由について考えなさい。

【2】 配電用分電盤では，指示形計器が使用されている例が多い。その理由について考えなさい。

【3】 図3.3の指示計器には反射板が見られる。この役割について説明しなさい。

電圧と電流の計測

これまで解説した計器に共通する事項として，計測した電圧や電流を扱いやすくするにはどのような工夫が必要であるか，またそれらを簡単に処理するためにはどのような機器が必要かという議論がある。本章ではこれらについて解説する。

4.1 分圧器と倍率器

大電圧を測定するには，**分圧器**を用いる。文字どおり式 (4.1) および図 4.1 により計測電圧を分圧して，測定しやすい電圧に変換する。

$$V_m = \frac{R_2}{R_1 + R_2} V \; [\text{V}] \tag{4.1}$$

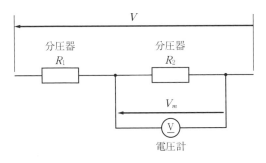

図 4.1 分圧器による電圧測定

これと似た概念として図 4.2 の**倍率器**がある。測定対象の電圧が大きい場合，直列に抵抗を入れる場合がある。電圧計の内部抵抗 R_m により，電圧計に

4. 電圧と電流の計測

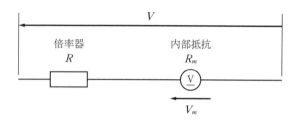

図 4.2　倍率器による電圧測定

掛かる電圧は

$$V_m = \frac{R_m}{R+R_m} V \ [\text{V}] \tag{4.2}$$

により得られる。内部抵抗 R_m が一定である場合に限り有効である。

4.2　分　流　器

同様に，電流計には大電流を直接流すことができない。そこで，図 4.3 のように電流の大部分を外付けの抵抗器に流し，一部を電流計に分担するよう設計されたのが**分流器**である。脇道にそらすという意味で**シャント**とも呼ばれる。温度係数が小さいマンガニン線が使用される。

$$I_m = \frac{R_m}{R_s+R_m} I \ [\text{V}] \tag{4.3}$$

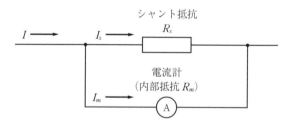

図 4.3　分流器を用いた電流計による電流測定

これとよく似たものに，電流値を電圧に換算する抵抗器があり，これも分流器あるいはシャントと呼ばれる。むしろ指示計器の衰退に伴い，前述の意味よ

りも，こちらの意味合いの方が高まっている。図 4.4 に結線図を示す。電圧計に流れる電流はほぼゼロなので

$$V = RI \ [\text{V}] \tag{4.4}$$

となる。ここで R は一種の換算係数であり，例えば $10\,\text{mV}/1\,\text{A}$ のように表示されている。

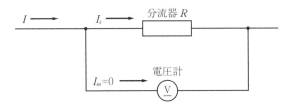

図 4.4 分流器を用いた電圧計による電流測定

図 4.5 は分流器の例である。端子部分の**接触抵抗**の影響を取り除くため，**電流端子**（外側 2 つ）と**電圧端子**（内側 2 つ）が独立していることに注意したい。

図 4.5 分 流 器 の 例

4.3 ホイートストンブリッジ

抵抗やインピーダンスの精密測定に使用されるのが**ホイートストンブリッジ**である。図 4.6 は直流回路のホイートストンブリッジである。電圧計がゼロを示す条件は

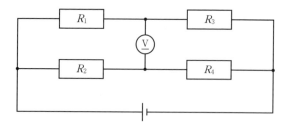

図 4.6　直流回路のホイートストンブリッジ

$$\frac{R_1}{R_3}=\frac{R_2}{R_4} \tag{4.5}$$

であることから

$$R_1 R_2 = R_3 R_4 \tag{4.6}$$

の関係が得られ，$R_2 \sim R_4$ が既知であれば，R_1 を知ることができる。

また図 4.7 は交流回路のホイートストンブリッジである。

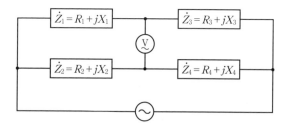

図 4.7　交流回路のホイートストンブリッジ

電圧計がゼロを示す条件は

$$\frac{\dot{Z}_1}{\dot{Z}_3}=\frac{\dot{Z}_2}{\dot{Z}_4} \tag{4.7}$$

であることから

$$\dot{Z}_1 \dot{Z}_2 = \dot{Z}_3 \dot{Z}_4 \tag{4.8}$$

の関係が得られ，$\dot{Z}_2 \sim \dot{Z}_4$ が既知であれば，$\dot{Z}_1$ を知ることができる。なお，このように平衡点を見つけて未知の値を求める手法を**零位法**と呼んでいる。

図 4.8 に，交流ホイートストンブリッジ実習装置を示す。複素インピーダン

図 4.8 交流ホイートストンブリッジ実習装置

スを調整するため多くのダイヤルがある。実際の機器ではこの機能が回路内に入り込んでいて，このように理論どおりの配線を目にする機会は滅多にない。

4.4 電圧・電流トランスデューサ

電圧や電流を取り扱いやすい値に変換することは，簡単そうで難しい。多くの場合，絶縁が必要となることと，精度が維持できるかということ，また，直流成分も扱えた方が有利であるが，この回路設計の難易度が高いなどが理由である。そこで回路設計用として市販されている，電圧・電流**トランスデューサ**を用いるのが 1 つの方法となる。

図 4.9 に示す LEM 製電圧トランスデューサ LV25-P には変圧器および演算

図 4.9 LEM 製電圧トランスデューサ LV25-P

回路が内蔵されていて，一次側に電流を流すと二次側に2.5倍の電流が流れる。それぞれ直列抵抗をつけることで，電圧トランスデューサとして用いることができる。図4.10に使用回路例を示す。

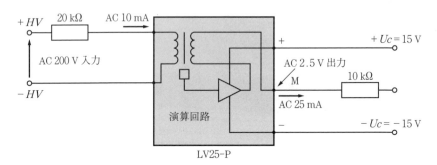

図4.10　LEM製電圧トランスデューサLV25-Pの使用回路例

また，図4.11に示すLEM製電流トランスデューサFA050-Pは，変圧器および演算回路が内蔵されていて，一次側に電線を貫通させて電流を流すと二次側に0.08倍の電圧が生じる。内部構成はカタログでは明らかにされていないが，2章で述べた電流プローブと同様，鉄心，ホール素子，演算回路が入っていると考えられる。

図4.12に使用回路例を示す。

図4.11　LEM製電流トランスデューサFA050-P

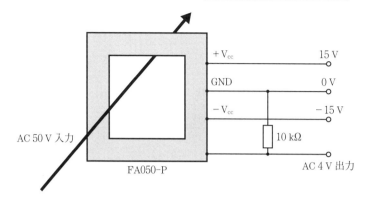

図 4.12　LEM 製電流トランスデューサ FA050-P の使用回路例

4.5　クランプメータ

クランプメータは，2 章で説明した電流プローブに，測定値表示機能を付加した計測器である。電流測定だけではなく，電圧や抵抗測定を付加した製品もある。製品例として kaise 製 AC/DC クランプメータ SK-7660 を**図 4.13** に，その電流測定のおもな仕様を**表 4.1** と**表 4.2** に示す。

図 4.13　kaise 製 AC/DC クランプメータ SK-7660（カタログ写真）

この発展形として電力系統測定用として**電力チェッカ**も市販されている。製品仕様として HIOKI 製電力チェッカ 3286-20 を取り上げる。

写真を**図 4.14** に，おもな仕様を**表 4.3** に示す。

4. 電圧と電流の計測

表 4.1 kaise 製 AC/DC クランプメータ SK-7660 の直流電流測定のおもな仕様

レンジ〔A〕	測定確度	分解能〔mA〕	最大許容入力〔A_{DC}〕	過負荷保護
40.00	±1.5 % rdg±3 dgt	10	400	600 Arms 1 min 間
400.0	40 〜 200 A/±(1.5 % rdg+5 dgt) 201 〜 300 A/±(3.0 % rdg+3 dgt) 301 〜 400 A/±(4.0 % rdg+3 dgt)	100		

表 4.2 kaise 製 AC/DC クランプメータ SK-7660 の交流電流測定のおもな仕様

レンジ〔A〕	測定確度（0.5 A 以上）	分解能〔mA〕	最大許容入力〔Arms〕	過負荷保護
40.00	±1.5 % rdg±5 dgt（50/60 Hz）	10	400 Arms	600 Arms 1 min 間
400.0	40 〜 200 A/±(2.0 % rdg+3 dgt)（50/60 Hz） 201 〜 300 A/±(4.0 % rdg+5 dgt)（50/60 Hz） 301 〜 400 A/±(5.0 % rdg+5 dgt)（50/60 Hz）	100		

周波数特性（40 〜 400 Hz）：40 A レンジ（0.5 〜 9 A）1.5 %加算，（10 〜 40 A）0.5 %加算/400 A レンジ 1.0 %加算
クレストファクタ：0.5 〜 200 A；3 以下/300 A；2 以下/400 A；1.5 以下。2 以上は確度に 2 %追加（p.54 参照）

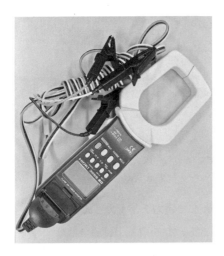

図 4.14 HIOKI 製電力チェッカ 3286-20

4.6 LCR メ ー タ   51

表 4.3 HIOKI 製電力チェッカ 3286-20 のおもな仕様

測定ライン	単相，三相（平衡，波形ひずみなし）
測定項目	電圧，電流，電圧/電流波形ピーク，有効/皮相/無効電力，力率，位相角，無効率，周波数，電圧/電流高調波
電圧	30 Hz ～ 1 kHz：150.0 ～ 600 V，3 レンジ，基本確度：±（1.0 % rdg＋3 dgt）（45 ～ 66 Hz にて，真の実効値整流）
電流	45 Hz ～ 1 kHz：20.00 ～ 1 000 A，3 レンジ，基本確度：±（1.3 % rdg＋3 dgt）（45 ～ 66 Hz にて，真の実効値整流）
電力	80 ～ 600 V，1 ～ 1 000 A 単相：3.000 ～ 600.0 kW　基本確度：±（2.3 % rdg＋5 dgt）（50/60 Hz　力率＝1） 平衡三相：6.000 ～ 1200 kW　基本確度：±（3.0 % rdg＋10 dgt）（50/60 Hz　力率＝1）
高調波	電圧，電流における 20 次までの高調波レベル/含有率/総合高調波ひずみ率
位相角	進み 90.0° ～ 0 ～ 遅れ 90.0°
力率	進み 0 ～ 1.000 ～ 遅れ 0
周波数	30.0 ～ 1 000 Hz

これは電流，電圧測定だけでなく，電力や力率なども表示できる機能を有している。三相回路測定にも対応する。ただし電流は 1 相分しか測定できないため，平衡運転をしていることが必要となる。また波形ひずみがないことも前提条件であり，インバータやモータの測定では誤差が発生する場合がある。

4.6 LCR メ ー タ

電流と電圧がわかればインピーダンスを計算できる。これは 1 章で説明したディジタルテスタでも一応可能である。ただし交流電源を用意する必要がある。また周波数が変化すると，コイルのインダクタンスやコンデンサの静電容量も変化する。そこでこれらを計測するために使用されるのが **LCR メータ** である。一般に損失係数 D，品質係数 Q，位相角 θ も合せて測定できる。

製品例として DER EE Electrical Instrument 製 LCR メータ DE-5000 を **図 4.15** に，おもな仕様を **表 4.4** に示す。

4. 電圧と電流の計測

図 4.15 DER EE Electrical Instrument 製 LCR メータ DE-5000 の外観

表 4.4 DER EE Electrical Instrument 製 LCR メータ DE-5000 のおもな仕様

L 測定	20.000 µH（最小分解能 0.001 µH）〜 2 000 H
C 測定	200.00 pF（最小分解能 0.01 pF）〜 20.00 mF
R 測定	20.000 Ω（最小分解能 0.001 Ω）〜 200.0 MΩ
交流試験周波数	100 Hz, 120 Hz, 1 kHz, 10 kHz, 100 kHz

― *Column* ―

多機能計測器の準備の悩み

多機能の計測器の準備においては，将来を見越して高機能機種を望んでもそれなりのコストが掛かる．つねにハイスペックの機器をそろえられるかというと，そうもいかない．しかも新機種が次々と発売され，目移りしてしまう．購入から 10 年も経過すると，測定内容的にも見劣りするようになる．メーカーもよく工夫して競争していると感心する．

特に PC と接続可能な計測器では，購入後 10 年程度で OS の変化に対応しきれなくなることが多い．かといって古い OS の使用を継続するのも別のトラブルの火種となり，苦慮する．

演 習 問 題

【1】 シャントの製品事例を調べ，おもな仕様について説明しなさい。

【2】 ホイートストンブリッジにはいくつかのバリエーションがある。そのうちの1
つを調べて結線図を描き，その機能や特徴を説明しなさい。

【3】 LCR メータでは一般に損失係数 D，品質係数 Q，位相角 θ も測定できる。こ
れら3項目について説明しなさい。

数学的取り扱い

5

　本章では各機器に共通する数学的な取り扱いについて解説する。平均値，実効値，最大値など，電気電子回路でも共通な事項であるが，計測に特化した考え方もあるので注意が必要である。

5.1 平 均 値 な ど

　通常は**平均値**といえば，ある期間 T の間の積分値を時間で除した値

$$\text{平均値} \quad X_{AVE}' = \frac{1}{T}\int_0^T x(t)dt \tag{5.1}$$

を示すが，電気電子計測で問題となるのは絶対値であり

$$\text{平均値} \quad X_{AVE} = \frac{1}{T}\int_0^T |x(t)|dt \tag{5.2}$$

が通常使用される。

　実効値はつぎの式で定義される。

$$\text{実効値} \quad X_{RMS} = \sqrt{\frac{1}{T}\int_0^T x(t)^2 dt} \tag{5.3}$$

　波形率は，波形のひずみが方形波からのずれの度合を示すために使用される。

$$\text{波形率} \quad K_{WF} = \frac{\text{実効値} \ X_{RMS}}{\text{平均値} \ X_{AVE}} \tag{5.4}$$

　波高率（クレストファクタ）も類似の指標であるが，最大値を用いている点が異なる。

$$\text{波高率} \quad CF = \frac{\text{最大値} \quad X_{max}}{\text{実効値} \quad X_{RMS}} \tag{5.5}$$

表5.1には奇数関数周期波形，**表5.2**には偶関数周期波形について計算結果を示している。正弦波と三角波を比較すると，波形率よりも波高率の方が差が大きい。これは，波高率の方が波形の形状の尖り具合を明確にしているといえる。

また，整流回路の平滑化特性などの評価には**リップル含有率**を用いる。通常

$$\text{リップル含有率} \quad \gamma = \frac{\text{交流成分の実効値} \quad X_{AC.RMS}}{\text{平均値} \quad X_{AVE}} \tag{5.6}$$

が使用される。1が完全に平滑化された理想状態である。ただし

表5.1 奇関数周期波形の各値

奇関数周期波形	正弦波	方形波	三角波
	$x(t)$ $= X_{max} \sin 2\pi \dfrac{t}{T}$	$x(t)$ $= \begin{cases} X_{max} & \left(0 \le t < \dfrac{T}{2}\right) \\ -X_{max} & \left(\dfrac{T}{2} \le t < T\right) \end{cases}$	$x(t)$ $= \begin{cases} \dfrac{4t}{T}X_{max} & \left(0 \le t < \dfrac{T}{4}\right) \\ -\dfrac{4\left(t-\dfrac{T}{2}\right)}{T}X_{max} & \left(\dfrac{T}{4} \le t < \dfrac{3T}{4}\right) \\ \dfrac{4(t-T)}{T}X_{max} & \left(\dfrac{3T}{4} \le t < T\right) \end{cases}$
平均値 X_{AVE}	$\dfrac{2}{\pi}X_{max}$ $= 0.637X_{max}$	X_{max}	$\dfrac{1}{2}X_{max}$
実効値 X_{RMS}	$\dfrac{X_{max}}{\sqrt{2}} = 0.707X_{max}$	X_{max}	$\dfrac{X_{max}}{\sqrt{3}} = 0.577X_{max}$
波形率 K_{WF}	$\dfrac{\pi}{2\sqrt{2}} = 1.11$	1	$\dfrac{2}{\sqrt{3}} = 1.15$
波高率 CF	$\sqrt{2} = 1.41$	1	$\sqrt{3} = 1.73$

56   5. 数 学 的 取 り 扱 い

表5.2 偶関数周期波形の各値

偶関数周期波形	正弦波	方形波	三角波
波形	$X_{\max}$ ... 0 $T/2$ T	$X_{\max}$ ... 0 $T/2$ T	$X_{\max}$ ... 0 $T/2$ T
$x(t)$	$x(t) = X_{\max}\left\|\sin 2\pi \dfrac{t}{T}\right\|$	$x(t) = \begin{cases} X_{\max} & \left(0 \le t < \dfrac{T}{2}\right) \\ 0 & \left(\dfrac{T}{2} \le t < T\right) \end{cases}$	$x(t) = \begin{cases} \dfrac{2t}{T}X_{\max} & \left(0 \le t < \dfrac{T}{2}\right) \\ -\dfrac{2\left(t - \dfrac{T}{2}\right)}{T}X_{\max} & \left(\dfrac{T}{2} \le t < T\right) \end{cases}$
平均値 X_{AVE}	$\dfrac{2}{\pi}X_{\max} = 0.637X_{\max}$	$\dfrac{1}{2}X_{\max}$	$\dfrac{1}{2}X_{\max}$
実効値 X_{RMS}	$\dfrac{X_{\max}}{\sqrt{2}} = 0.707X_{\max}$	$\dfrac{1}{2}X_{\max}$	$\dfrac{X_{\max}}{\sqrt{3}} = 0.577X_{\max}$
波形率 K_{WF}	$\dfrac{\pi}{2\sqrt{2}} = 1.11$	1	$\dfrac{2}{\sqrt{3}} = 1.15$
波高率 CF	$\sqrt{2} = 1.41$	1	$\sqrt{3} = 1.73$

$$\text{リップル含有率}\ \ \gamma = \frac{\text{最大値}\ X_{\max} - \text{最大値}\ X_{\min}}{\text{平均値}\ X_{AVE}} \tag{5.7}$$

とする場合もあり，注意が必要である。

5.2 統 計 的 扱 い

計測した多数の結果をその後に分析することも多い。N個のデータを収集したときには，その**平均**や**分散**，**標準偏差**を定義できる。

$$\text{平均}\ \ \bar{x} = \frac{1}{N}\sum_{i=1}^{N} x_i \tag{5.8}$$

$$\text{分散}\ \ \sigma^2 = \frac{1}{N}\sum_{i=1}^{N}\left(x_i - \bar{x}\right)^2 \tag{5.9}$$

標準偏差 $\sigma = \sqrt{\dfrac{1}{N}\sum_{i=1}^{N}(x_i - \bar{x})^2}$ (5.10)

正規分布に従うとした場合は，図 5.1 のように確率が分布する。±σ の領域に入る確率が 68.2 % というように，計測結果を判断することができる。

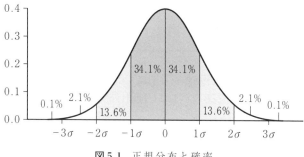

図 5.1　正規分布と確率

なお，学力評価で用いられる偏差値は，平均を 50，標準偏差を 10 に正規化したものである。

演 習 問 題

【1】 デューティ比 30 % のパルス波を描き，平均値，実効値，波形率，波高率を計算しなさい。

【2】 ひずみ信号も測定できる計測器であっても，クレストファクタに制限を掛けている場合が多い。その理由について説明しなさい。

【3】 複数の半導体変換器製品を調べ，リップル含有率がどの程度の範囲に分布しているかを説明しなさい。

6

交流回路の扱い

交流回路は大学などの初年次教育で勉強することが多いが，電気電子計測において注意すべきところもあり，本章で整理した。

6.1 単 相 交 流

ひずみのない，理想的な正弦波交流電圧は

瞬時電圧 $v = \sqrt{2}\, V\sin(\omega t + \theta_V)$ 〔V〕 (6.1)

で表される。ここで V は実効値，ω〔rad/s〕は角周波数であり，周期 T〔s〕$= \omega/2\pi$ の関係にある。θ_V〔rad〕は基準からの位相のずれである。同様に電流は

瞬時電流 $i = \sqrt{2}\, I\sin(\omega t + \theta_I)$ 〔A〕 (6.2)

である。ここで I はやはり実効値，θ_I〔rad〕は基準からの位相のずれである。このとき

$$\text{瞬時電力}\quad p = vi = \sqrt{2}\, V\sin(\omega t + \theta_V) \cdot \sqrt{2}\, I\sin(\omega t + \theta_I)$$
$$= VI\cos(\theta_V - \theta_I)\varphi - VI\cos(2\omega t + \theta_V + \theta_I)\ \text{〔W〕} \quad (6.3)$$

が定義される。これらの関係を**図 6.1** に示す。

これらはフェーザ（ベクトル）表示でも表すことができる。

電圧のフェーザ表示 $\dot{V} = V\angle\theta_V$〔V〕 (6.4)

電流のフェーザ表示 $\dot{I} = I\angle\theta_I$〔A〕 (6.5)

このときの**電力**の定義は下記のようになる。

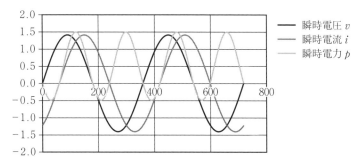

図 6.1 瞬時電圧・瞬時電流・瞬時電力の関係

複素電力 $\dot{W} = P + jQ = \dot{V}\dot{I}^* = VI\angle(\theta_V - \theta_I)$ 〔W〕 (6.6)

有効電力 $P = \mathrm{real}(\dot{V}\dot{I}^*) = \mathrm{real}\{VI\angle(\theta_V - \theta_I)\}$ 〔W〕 (6.7)

無効電力 $Q = \mathrm{imag}(\dot{V}\dot{I}^*) = \mathrm{imag}\{VI\angle(\theta_V - \theta_I)\}$ 〔Var〕 (6.8)

皮相電力 $S = \sqrt{P^2 + Q^2}$ (6.9)

力率角 $\varphi = \tan^{-1}\dfrac{Q}{S}$ 〔rad〕 (6.10)

力　率 $pf = \tan\varphi = \dfrac{Q}{S}$ 〔無次元〕 (6.11)

ここでアスタリスク（*）は共役複素数を示す。すなわち

$(A + jB)^* = (A - jB)$ (6.12)

の関係にある。なお

複素電力 $\dot{W}' = P + jQ = \dot{V}^*\dot{I} = VI\angle(\theta_I - \theta_V)$ (6.13)

とする流儀もあるが実用性に乏しく、まったく推奨しない。通常は電圧より電流の方が位相が遅れる。そのときに式 (6.6) を用いれば、無効電力 Q を正にできて理解しやすいからである。

6.2　多相交流回路

三相交流回路の電力測定は、単相電力計 2 台で可能である。**図 6.2** に結線図を示す。

6. 交流回路の扱い

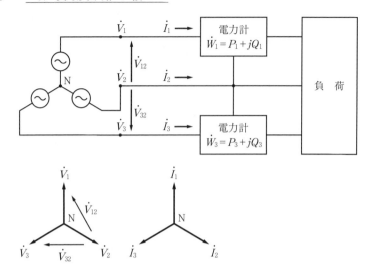

図 6.2 電力計 2 台による三相回路の電力測定結線図

このとき，中性点 N を直接測定することはできない。そこで

$$\dot{V}_{12} = \dot{V}_1 - \dot{V}_2 \ [\text{V}] \tag{6.14}$$

$$\dot{V}_{32} = \dot{V}_3 - \dot{V}_2 \ [\text{V}] \tag{6.15}$$

の 2 点を計測している。このとき

$$\begin{aligned}
\dot{W} &= P + jQ \\
&= \dot{W}_1 + \dot{W}_3 = (P_1 + jQ_1) + (P_3 + jQ_3) \\
&= \dot{V}_{12} \dot{I}_1^* + \dot{V}_{32} \dot{I}_3^* \\
&= (\dot{V}_1 - \dot{V}_2) \dot{I}_1^* + (\dot{V}_3 - \dot{V}_2) \dot{I}_3^* \\
&= \dot{V}_1 \dot{I}_1^* + \dot{V}_3 \dot{I}_3^* - \dot{V}_2 (\dot{I}_1^* + \dot{I}_3^*) \\
&= \dot{V}_1 \dot{I}_1^* + \dot{V}_2 \dot{I}_2^* + \dot{V}_3 \dot{I}_3^*
\end{aligned} \tag{6.16}$$

ここで

$$\dot{I}_1 + \dot{I}_2 + \dot{I}_3 = 0, \quad \dot{I}_1^* + \dot{I}_2^* + \dot{I}_3^* = 0 \tag{6.17}$$

であることから，結果的に中性点 N から全エネルギーを計算していることになる。すなわち 2 台の電力計の読み取り値の合計が，回路全体の電力となる。

上記は三相交流回路に対する考え方であるが，これを多相交流回路に拡張す

ることができる。これは**ブロンデルの定理**と呼ばれる。これは図 6.3 に示すとおり，n 相交流回路に適用すると，$(n-1)$ 台の単相電力計での測定値の総和が回路全体の電力となる。

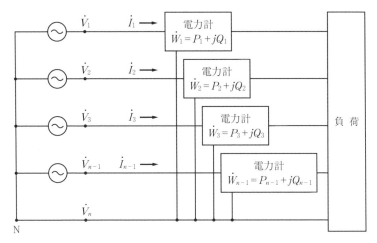

図 6.3 ブロンデルの定理による多相交流回路の電力測定

これを式としてまとめると

$$\dot{W} = P + jQ = \sum_{i=1}^{n-1}\dot{W}_i = \sum_{i=1}^{n-1}(P_i + jQ_i) = \sum_{i=1}^{n-1}\dot{V}_{in}\dot{I}_{in}^* \qquad (6.18)$$

となる。

以上は無効電力を含んだ交流回路について解説したが，有効電力のみ（抵抗負荷しかない）交流回路や直流回路についても同様のことがいえる。

6.3　高　調　波

非正弦波波形は**高調波**成分を含んでいる。例えば基本波成分に，第 3 次高調波成分，第 5 次高調波成分が加わると，図 6.4 の合成波形が得られる。

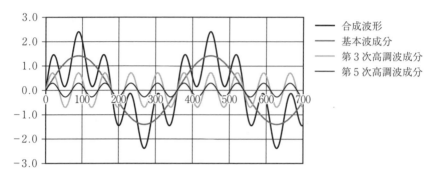

図 6.4 基本波成分,第 3 次高調波成分,第 5 次高調波成分による合成波形

また**矩形波波形**は

$$x(t) = \begin{cases} 1 & \left(0 \leq t < \dfrac{T}{2}\right) \\ -1 & \left(\dfrac{T}{2} \leq t < T\right) \end{cases}$$

$$= \frac{4}{\pi} \sum_{n=1,3,5\cdots}^{\infty} \frac{1}{n!} \sin\frac{2\pi n t}{T}$$

$$= \frac{4}{\pi}\left(\frac{1}{1!}\sin\frac{2\pi \cdot t}{T} + \frac{1}{3!}\sin\frac{2\pi \cdot 3t}{T} + \frac{1}{5!}\sin\frac{2\pi \cdot 5t}{T} + \cdots\right)$$

(6.19)

のように分解できることから,**図 6.5** のように奇数次の高調波成分の合成として表すことができる。

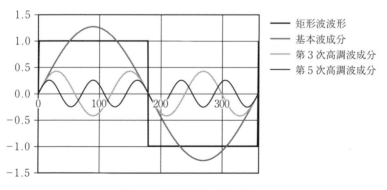

図 6.5 矩形波波形の構成成分

電気電子回路でも，電圧や電流にこのようなひずみが見られる。ここで，Xには電圧 V または電流 I が入る。各次高調波成分の実効値を X_i とすれば

$$\text{高調波の実効値} \quad X_h = \sqrt{\Sigma_{n \geq 2} X_n^2} = \sqrt{X_2^2 + X_3^2 + X_4^2 + X_5^2 + \cdots} \qquad (6.20)$$

となる。このとき**総合ひずみ率**（**THD**，total harmonic distortion）

$$THD = \frac{\text{高調波成分} \quad X_h}{\text{基本波成分} \quad X_1} \qquad (6.21)$$

を定義できる。これは交流波形が正弦波に近いかどうかを示す指標として使用される。また**高調波含有率**

$$\varepsilon_i = \frac{\text{各次の高調波成分} \quad X_i}{\text{基本波成分} \quad X_1} \qquad (6.22)$$

も定義できる。

電力や力率は式 (6.6) ～ (6.11) を拡張することで定義できるが，特に基本波電圧と電流の位相差だけで定義される力率を「**変位力率**」として区別する場合もある。

電力供給の場面で多くの場合問題となるのは，奇数次成分である。これは交流電圧が奇関数波形であり，これによって生じる電流もほぼ奇関数波形となるからである。また，3 の整数倍の成分はデルタ結線三相変圧器内で吸収されるため流出しにくく，問題となるのは 3 の整数倍以外の成分である。すなわち，第 5 次，第 7 次，第 11 次成分当たりの増加が見られ，これをいかにして抑制するかが課題となる。

6.4 インターハーモニクス

特殊なケースとして，基本周期波形の整数倍ではない周期波形が重畳することがある。これが**インターハーモニクス**である。**次数間高調波**と呼ばれることもある。

例を**図 6.6** に示す。一部の電源品質計測機器では計測可能である。

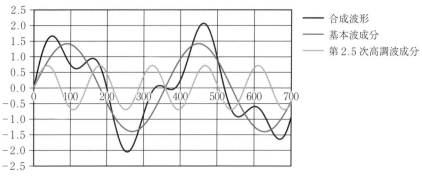

図6.6 インターハーモニクス

6.5 不　　平　　衡

三相交流回路では，電圧または電流といった電気量の大きさが各相で等しく，位相も120°ずつ正順でずれているのが建前である．しかし，これが成立していない場合もあり，**不平衡**状態となる．これを理論的に扱うため，**対称座標法**による整理を行う．

三相交流回路における各相の電気量を $\dot{X}_a, \dot{X}_b, \dot{X}_c$ とした場合，その零相成分 $\dot{X}_0$，正相成分 $\dot{X}_1$，逆相成分 $\dot{X}_2$ を次式により定義することができる．ここで X には電圧 V または電流 I が入る．

$$\begin{bmatrix} \dot{X}_0 \\ \dot{X}_1 \\ \dot{X}_2 \end{bmatrix} = \frac{1}{3} \begin{bmatrix} 1 & 1 & 1 \\ 1 & a & a^2 \\ 1 & a^2 & a \end{bmatrix} \begin{bmatrix} \dot{X}_a \\ \dot{X}_b \\ \dot{X}_c \end{bmatrix} \tag{6.23}$$

$$a = e^{j\frac{2\pi}{3}} = -\frac{1}{2} + j\frac{\sqrt{3}}{2} \tag{6.24}$$

理想的には逆相成分と零相成分はゼロである．ここで**不平衡率**を定義すると

$$\text{不平衡率} \ \gamma = \frac{\text{正相成分} \ \dot{X}_1}{\text{逆相成分} \ \dot{X}_2} \tag{6.25}$$

となる．

例えば 200 V 交流電源の場合，各相間の電圧のばらつきが最大 5 ％程度みられる。経験値として電圧不平衡率が 1 ％程度であれば問題なく，2 ％以上となると振動の発生など機器への影響がみられるようになる。

具体的な影響として，三相誘導電動機の場合，振動・騒音の増加をはじめとして，電流の不平衡，入力電力の増大と効率の低下，温度上昇，出力トルクの低下・不安定などが挙げられる。

一方，電圧不平衡率の許容範囲はあまり明確ではない。**電気設備技術基準**でも一般的な制限はなく，電気鉄道に限り 3 ％を限度としている。これは交流式電気鉄道の，単相負荷による三相交流電圧不平衡の障害防止対策として定めた値である。ほかの検討例では，この数値を 1 つの限度として参考にすることが多い。

6.6 パワーテスタ

これまで述べた考え方に基づいて三相交流回路の計測が可能であるが，機能を集約した製品としても市販されている。製品例として HIOKI 製パワーメータ PW3337 を図 6.7 に，そのおもな仕様を表 6.1 に示す。これを見ると，これまで述べた項目の大部分がカバーされていることがわかる。本製品は三相交流に加え，直流も測定可能であるが，単相交流のみなどの製品もある。

図 6.7 HIOKI 製パワーメータ PW3337（HIOKI カタログより）

66　　6. 交 流 回 路 の 扱 い

表 6.1　HIOKI 製パワーメータ PW3337 のおもな仕様

測定ライン	単相 2 線，単相 3 線，三相 3 線，三相 4 線（結線ごとに電圧／電流レンジの設定可能）
測定項目	電圧，電流，有効電力，皮相電力，無効電力，力率，位相角，周波数，効率，電流積算，有効電力積算，積算時間，電圧波形ピーク値，電流波形ピーク値，電圧クレストファクタ，電流クレストファクタ，時間平均電流，時間平均有効電力，電圧リプル率，電流リプル率
高調波関連項目	同期周波数範囲：10 〜 640 Hz，解析次数：最大 50 次 高調波電圧実効値，高調波電流実効値，高調波有効電力，総合高調波電圧ひずみ率，総合高調波電流ひずみ率，基本波電圧，基本波電流，基本波有効電力，基本波皮相電力，基本波無効電力，基本波力率（変位力率），基本波電圧電流位相差，チャネル間電圧基本波位相差，チャネル間電流基本波位相差，高調波電圧含有率，高調波電流含有率，高調波有効電力含有率 （専用ソフトウェアによるデータ取得のみ：高調波電圧位相角，高調波電流位相角，高調波電圧電流位相差）
測定レンジ	電圧：AC／DC 15 〜 1 000 V，7 レンジ 電流：AC／DC 200 mA 〜 50 A，8 レンジ 電力：3.000 0 W 〜 150.00 kW（電圧・電流レンジの組合せによる）
積算測定（積算：10 000 時間以内）	電流：6 けた表示（0.000 00 mAh 〜，極性別と総和値） 有効電力：6 けた表示（0.000 00 mWh 〜，極性別と総和値）
入力抵抗（50／60 Hz）	電圧：2 MΩ，電流：1 mΩ 以下（直接入力）
基本確度（有効電力）	±0.1 % rdg ±0.1 % f.s.（DC） ±0.1 % rdg ±0.05 % f.s.（45 Hz to 66 Hz，at Input＜50 % f.s.） ±0.15 % rdg（45 Hz to 66 Hz，at 50 % f.s. ≤Input）
表示更新レート	約 5 回／s 〜 20 s（アベレージ回数の設定により変化）
周波数特性	DC，0.1 Hz 〜 100 kHz

Column

研究教育機関における計測器の管理

　教育用（実験授業用）の計測器はロースペックでよいが，相当の台数そろえる必要がある。では何台必要かというと，対象となる人数やグループのローテーションの仕方しだいなどで幅があり，しかも使用頻度が高くて故障品も出やすいことから，結局のところ最小公倍数的に購入台数を決めがちである。

　使用された形跡がほとんどない計測器や，使用頻度が落ちた旧型器が，整理棚を占拠しているケースも何回か見かけている。多数の教員で共同利用しているとその処置にも合意形成が必要であり，これもなかなかの難題である。

演 習 問 題

【1】 多相交流回路の事例を調べ，結線図を描き，どのような計測が要求されるか
を説明しなさい。

【2】 電気設備の現場における高調波計測の事例について調べ，その方法と使用機
器を説明しなさい。

【3】 電気機器の設計における高調波計測の事例について調べ，その方法と使用機
器を説明しなさい。

7 交流回路の計測

交流回路には独特の計測法がある。本章では電力量計,トランスデューサ,相順の計測,同期の計測,大電圧・電流の計測について解説する。

7.1 電力量計

電力量計は,電気供給者と使用者の間で精算を行う際に不可欠な機器である。図7.1に誘導形とディジタル形を示す。エネルギーの基本単位は〔J〕であるが,実用的な単位として〔kWh〕が用いられる。これは

$$1 \text{ kWh} = 3\,600 \text{ kJ} = 3\,600\,000 \text{ J} \tag{7.1}$$

(a) 誘導形

(b) ディジタル形

図7.1 電力量計

の関係がある。これを一定期間ごと（通常は約1か月）に計算して精算する。

$$積算電力量 = \frac{1}{3\,600\,000} \int_0^T P(t)dt \; [\text{kWh}] \tag{7.2}$$

の関係となる。価格は1 kWh 当たり 10 ～ 20 円程度である。

　従来は誘導式の**アナログ形電力量計**が使用されていた。誘導電動機と類似の仕組みで電圧と電流により円盤に回転力を与え，この回転の積算値をもって積算電力量を判定する。これには長い歴史があり，長期間の使用にも耐えられること，停電でも継続して使用できることなどのメリットがあった。

　しかし最近では**ディジタル形電力量計**が普及している。電力量に留まらず，最大電力の記録機能，力率の演算機能などと高機能化が容易である。特に業務用電力は電気供給者への30分通知機能をもたせており，ディジタル形が不可欠である。

　一般住宅用としては，ディジタル形の発展版である**スマートメータ**の開発が進んでいる。スマートメータは

① 遠隔からの計測値の収集（無線方式または電力線搬送方式）

② 遠隔からの起動停止指令

③ 時間帯別料金の適用，デマンドレスポンス対応などの高機能化

が可能であり，今後急速な勢いで取り換えが進む予定である。

7.2　トランスデューサ

　トランスデューサには2つの意味がある。1つは測定量を別の量に変換する装置という広い概念であり，各種センサもこれに含まれる。もう1つは，高圧・大電流使用における電気的な諸量を，計測器で使用できる定電圧に変換する装置という狭い概念である。

　配電盤を見ると**図7.2**のように**ディジタルマルチメータ**が見られる。これらは電気量を計測表示するのが主目的であるが，同時に出力端子を有しており，一種のトランスデューサといえる。

70　　7. 交流回路の計測

（a）電圧・電流測定用

（b）電力，電力量，周波数，力率などの計測用

図7.2　配電盤で見られるディジタルマルチメータ

　図7.3は表示機能がない（元々の意味の）トランスデューサである。三相交流回路の電圧と電流を測定して，これらから算出される有効電力をアナログ電圧として出力する。

　図7.4は図7.2と同様の，表示機能のあるトランスデューサである。ただしこれは直流測定用である。1台で直流電圧・直流電流を計測して直流電力を演算し，これらを表示・**アナログ出力**する。また，直流電力量も測定して**パルス出力**する。購入時には入力範囲，出力方式（電圧，電流，オプションの通信出

7.3 相順の計測

 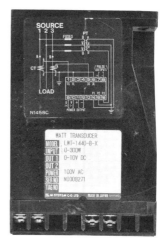

（a）正　面　　　　　　　　　　（b）側　面

図 7.3　表示機能のないトランスデューサ M-SYSTEM 製 LWT-07

（a）正　面　　　　　（b）側　面　　　　　（c）背　面

図 7.4　DAIICHI（第一エレクトロニクス）製ディジタルマルチメータ TLC-110

力）などのおもな仕様指定が必要であり，発注時に吟味する必要がある。

7.3　相 順 の 計 測

　三相交流回路の電圧は図 7.5 に示すように，相電圧の順番があり，正順と逆順がある。これを**相順**と呼ぶ。相順が異なると，モータの回転方向が逆になるなどの問題が生じる。そこで，相順を確認することが必要となる。

7. 交流回路の計測

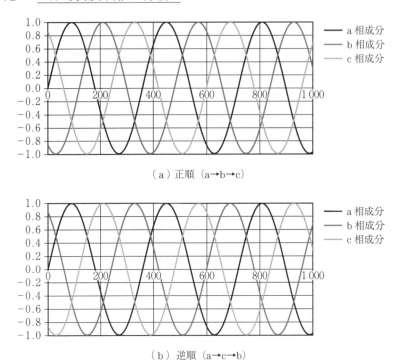

（a）正順（a→b→c）

（b）逆順（a→c→b）

図 7.5　相順の違い

そこで，図 7.6 に示すような**検相器**が使用される。本製品では 3 つのクリップを R-赤，S-白，T-青の順に三相交流回路に接続する。中には誘導電動機と同様に回転磁界により動作する回転子があり，正順であれば時計回り，逆順で

図 7.6　HIOKI 製検相器
　　　　3126-01

あれば反時計回りで回転することで,相順の判定ができる。なお,最近ではLED式もある。

7.4　同　期　の　計　測

三相交流電源どうしを接続する場合
① 　相順が等しいこと
② 　電圧の大きさが等しいこと
③ 　**同期**状態かつ位相差がゼロであること

の3条件が必要である。1つでも欠けると大電流が流れ,機器や設備の損傷に結びつく。同期発電機を系統に連系する際には,この確認が必要である。同期発電機式の発電システムは起動時,単独運転状態で加速を行い,同期状態に至ったところで位相差もゼロになったタイミングで連系される(同期投入)。図7.7はこの状態を示している。

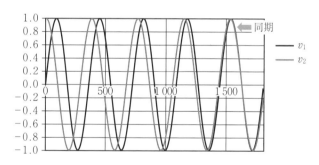

図7.7　非同期から同期への遷移

　図7.8は**三相式同期検定器**の例である。非同期状態では周波数差に応じて回転する。同期状態になると回転が止まり,位相差がゼロになると指針が垂直となる。このタイミングを見て系統連系が行われる。**表7.1**には動作の仕様を示している。ただし最近では図7.2(b)中央に見られるようなディジタル式が主流になりつつある。また同期投入そのものも自動化されるケースが多い。

7. 交流回路の計測

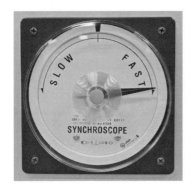

図7.8 タケモトデンキ（現ハカルプラス）製三相式同期検定器 CQS-110SY

表7.1 タケモトデンキ製三相式同期検定器 CQS-110SY のおもな仕様

三相用の使用条件	発電機側，母線側ともに三相3線式で電圧各相が平衡していること
指針の指示動作	目盛中央指示：発電機側と母線側の周波数および位相が一致したとき FASTの方向に回転：母線側周波数より発電機側周波数が高いとき SLOWの方向に回転：母線側周波数より発電機側周波数が低いとき 指針が静止：両者の周波数が同じとき静止。指針の静止した位置は両者の間の位相差を指示
指針が回転する周波数差の範囲	2～3 Hz，周波数差がこれより大きくなると指針は回転せずに微動する

7.5 大電圧・電流の計測

交流の大電流を測定するためには**変流器**が使用される。**CT**（current transformer）とも呼ばれる。構造は変圧器とほぼ同じであるが，計測用として損失が少なくなるように工夫されている。一次側巻線と二次側巻線の巻き数比を変化させて

$$\text{変流比} \quad K_C = \frac{I_1}{I_2} \tag{7.3}$$

により，大電流 I_1 を小電流 I_2 に変換する。**図7.9**はその回路構成である。二次側の電流を測定して変流比 K_C を乗じれば一次側の電流が得られる。

図7.10は変電設備用変流器の例である。なお，二次側は電流が流れているため，開放すると高電圧が発生して危険である。通電したまま二次側の電流計

7.5 大電圧・電流の計測

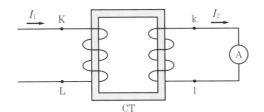

図7.9 変流器の回路構成

図7.10 変電設備用変流器

を交換する際は，短絡させてから取り外す必要がある。

同様に交流大電圧を測定するためには**計器用変圧器**が使用される。**VT**（voltage transformer）または**PT**（potential transformer）と呼ばれる。構造は変圧器とほぼ同じであり，一次側巻線と二次側巻線の巻き数比を変化させて

$$変圧比 \quad K_V = \frac{V_1}{V_2} \tag{7.4}$$

により，高電圧 V_1 を低電圧 V_2 に変換する。図7.11はその回路構成である。二次側の電圧を測定して変圧比 K_V を乗じれば一次側の電圧が得られる。

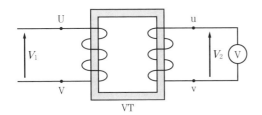

図7.11 計器用変圧器の回路構成

76   7. 交流回路の計測

図 7.12 は変電設備用計器用変圧器の例である。なお，二次側はたとえ低電圧でも短絡させてはいけない。大電流が流れて危険である。

図 7.12　変電設備用計器用変圧器

― Column ―

電力量計を探してみる

電力の取引は電気事業者（電力会社）と需要家ばかりとは限らない。図 7.13 (a) にあるような雑居ビルでは，ビルオーナーとテナントとの取引である場合がある。また図 (b) の自動販売機では，ビルオーナーと自動販売機ベンダーとの取引となる。

（a）雑居ビルの入り口　　　　　　（b）自動販売機

図 7.13　電力量計の設置形態

演 習 問 題　77

　このような例は探してみると結構見つかる。だれが何のために使用しているか
を考えてみるのも面白い。また，16章で後述するように電力量計は計量法の定
期検査の対象であるが，期限切れも時折みられる。

　ただし，セキュリティやプライバシーに何かとうるさいご時世である。他者の
電力量計をジロジロ見つめたり，その計測値に深入りしたりすることはお勧めし
ない。

演 習 問 題

【1】　トランスデューサにはさまざまなタイプがある。これを調べ，ベン図を用い
　　　て分類しなさい。
【2】　トランスデューサなどのアナログ信号出力には電圧出力と電流出力の2種類
　　　がある。この2つが用いられている理由を説明しなさい。
【3】　コンデンサ形計器用変成器の用途と仕組みについて説明しなさい。

8 力と回転の計測

　力や回転の計測は，直線移動や回転を行うアクチュエータの評価で重要である。特にトルクの測定は簡単なようで難しく，さまざまな工夫がみられる。本章では力の計測の基本となる，ひずみゲージと，回転速度の計測，トルクの計測について解説を進める。

8.1　ひずみゲージ

　抵抗体に応力が加わると抵抗値が変化する。そこでこの抵抗体の箔を薄い絶縁物に貼り付け，測定したい力を加えられるようにしたものが，**ひずみゲージ（ストレインゲージ）**である。抵抗値の変化量そのものは小さく誤差が生じやすいため，**図8.1**のように抵抗体を数往復させて精度を向上させているのが一般的である。これを測定したい箇所に接着材で固定する。

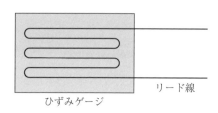

図8.1　ひずみゲージの構造

　実用的には**図8.2**のように，ホイートストンブリッジを用いて電圧値に換算する。精度を高めるためには例えばひずみゲージを4つ用いて，応力をたがい違いに与えるようにすれば，4倍の電圧値が得られる。
　このように構造が簡単で使用も容易であり，**図8.3**のような**電子ばかり**をはじめ，広く利用されている。

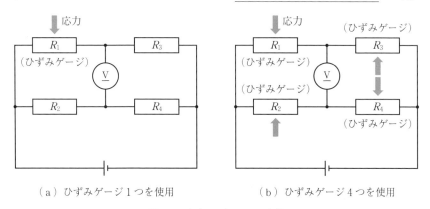

(a) ひずみゲージ1つを使用　　　　(b) ひずみゲージ4つを使用

図 8.2　応力の電圧への変換

図 8.3　電子ばかり

8.2　回転速度の計測

　モータや発電機，工作機械などでは**回転速度**を測定する必要がある．そのひとつとして，可視光の反射を計測して非接触を実現する方法がある．

　製品例として**図 8.4**の HIOKI 製タコハイテスタ FT3406 を取り上げる．本製品は赤色可視光を照射して，その反射を受光し演算処理により回転速度や回転周期を算出してディジタル表示する．光を反射させるためには，専用の反射テープを対象物に貼り付ける．また，回転を停止させられない，または反射

8. 力と回転の計測

図 8.4 HIOKI 製タコハイテスタ FT3406

テープを貼り付けられない場合は，オプションの接触アダプタを利用する。

本製品には出力端子があり，回転速度に比例したアナログ出力の取得や，周期に応じたパルスを得ることが可能である。おもな仕様を**表 8.1** に示す。

表 8.1 HIOKI 製タコハイテスタ FT3406 のおもな仕様

測定方法	赤色可視光＋反射テープ
測定レンジ	回転数：(30.00 〜 199.99) 〜 (20 000 〜 99 990) [r/min] 回転数：(0.500 0 〜 1.999 9) 〜 (200.0 〜 1 600.0) [r/s] 周　期：(0.600 0 〜 1.999 9) 〜 (200.0 〜 1 999.9) [ms] カウント：0 〜 999 999
検出距離	50 〜 500 mm
表示更新レート	約 0.5 〜 10 回 /s
アナログ出力	0 〜 1 V f.s. 確度：±2 % f.s.，出力抵抗：1 kΩ
パルス出力	0 〜 3.3 V，出力抵抗：1 kΩ

注）非接触，平均値取得モード（AVE モード）のみを示す

8.3 トルクの計測

回転体で測定が必要となるのは，**トルク**がどれだけ発生して伝達されているかである。トルクは T [Nm] ＝単位時間当たりの仕事量 P [W] ×回転角速度 ω [rad/s] で与えられるため，P と ω から間接的に得る方法もあるが，特

に P を測定することは難しく，直接測定できれば便利である．おもな方法として以下4種類を説明する．いずれも，回転軸において**軸のねじれ**を生じさせ，この変位を検出することに基づいている．

（1）　スリップリング方式

スリップリング方式は**図 8.5** に示すように，回転する軸に，ひずみゲージを取り付け，これに加わる応力をもとにトルクを算出する方法である．4章で説明したように，ひずみゲージでホイートストンブリッジを構成すると4端子が必要になる．この電気信号を計測器とやりとりするには，ブラシとスリップリングが必要である．

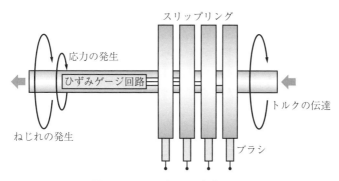

図 8.5　スリップリング方式の原理

構造的にはシンプルであるが，ブラシは摩耗するため定期交換が必要であるほか，熱による精度や安定性の低下があるなどの欠点がある．

（2）　電磁歯車位相差方式

電磁歯車位相差方式は，図 8.6 に示すように回転軸の中央を，ねじりが発生しやすいように細くして，その両側にある歯車の変位を検出する方法である．歯車の位置は電磁式検出器により正弦波信号に変換され，この位相差を取り出して信号処理を行うことで，トルクの検出が可能となる．

このままでは回転停止時は測定不可能であるが，電磁式検出器を円筒に埋め込み，常時回転させれば相対的に回転していることになるため，この原理を応用できる．

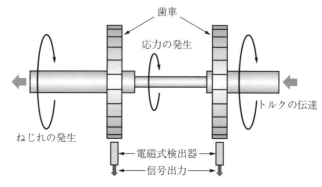

図 8.6　電磁歯車位相差方式の原理

（3）　**電磁誘導位相差方式**

　電磁誘導位相差方式は，図 8.7 に示すように電磁歯車位相差方式と同様に回転軸の中央を細くしてある。駆動コイルから交流磁界を発生させ，2つの位相差板を介して，2つの検出コイルで磁束をとらえる。この位相差をもとにトルクを算出する。

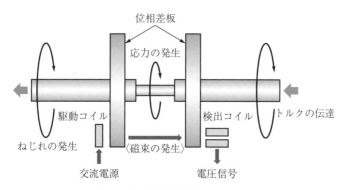

図 8.7　電磁誘導位相差方式の原理

（4）　**回転シリンダ方式**

　回転シリンダ方式は，電磁誘導位相差方式の発展形ともいえる方式である。図 8.8 に示すように両軸からシリンダが延長されていて，その間を通過する磁界を検出している。駆動コイルには交流が加わっている。シリンダには窓が設

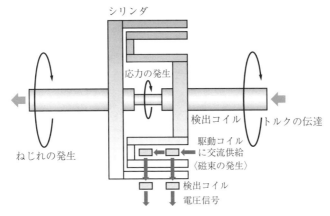

図 8.8 回転シリンダ方式の原理

けられており，ねじれが生じると窓の重なりが生じて通過する磁束が大きくなる．よって検出コイルで測定される磁束が増加する．これを演算処理することでトルクを算出できる．

製品例として，Magtrol 製直結形磁歪式トルクトランスデューサ TMHS-210 を紹介する．おもな仕様を**表 8.2** に，写真を**図 8.9** に示す．

表 8.2 Magtrol 製直結形磁歪式トルクトランスデューサ TMHS-210 のおもな仕様

定格トルク	50 Nm
感 度	100 mV/Nm
最大回転速度	32 000 min^{-1}
1 回転当たりのパルス数	30 パルス
電 源	20 〜 32 V
ねじれ度	5 700 Nm/s
慣 性	142×10^{-6} kg·m^2
最大回転速度	10 000 min^{-1}
トルク測定範囲	プラスマイナス定格
最大トルク測定	2 倍
負荷トルク限界	5 倍
回転方向	CW と CCW
精度（0 〜定格トルク）	定格トルクの ±0.1 % 以下
1 回転当たりのパルス数	60 パルス
電 源	20 〜 32 V$_{DC}$，最大 100 mA
トルク出力	定格 5 V$_{DC}$（最大 ±10 V$_{DC}$）

8. 力と回転の計測

（a）トルクトランスデューサ本体

（b）発電機と電動機とのセット

図 8.9　Magtrol 製直結形磁歪式トルクトランスデューサ TMHS-210

演 習 問 題

【1】 広範囲の力を測定可能とするためにはどのような工夫が必要か，考えなさい。
【2】 自動車の製品テストで使用されるダイナモメータについて調べ，計測内容と計測方法を説明しなさい。
【3】 タービン発電機の軸トルクの測定方法について事例を挙げて説明しなさい。

9 接地抵抗・絶縁抵抗の計測

電気機器や電気設備を使用する際は，接地が必要な場合がある。そのため十分低い接地抵抗値を得ることが課題となる。またこれらには絶縁も要求される。本章では接地抵抗と絶縁抵抗について解説する。

9.1 接地抵抗の基準

大地は抵抗値ゼロの導体とみなしてよい。そしてここには**図 9.1**の例のように地絡電流が流れることがある。図（a）は落雷時の電流の拡散であり，電力鉄塔に落雷があった際には鉄骨から大地に対して電流が流れる。図（b）は電気機器漏電時の電流の拡散である。この場合は地絡電流を確実に逃がすため，外箱に**接地線**に接続するとともに，この線を電極を介して大地に埋め込んでいる。電極は鋼棒や銅棒を用いる場合と，造営物の鉄骨を流用する場合がある。

その際に問題となるのが**接地抵抗**の値である。ここではわかりやすくするた

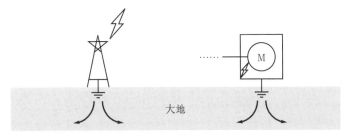

（a）落雷時の電流の拡散　　（b）電気機器漏電時の電流の拡散

図 9.1　地絡電流の発生

めに図9.2を用いて説明する。同じ構造の電極2つが大地に埋め込まれていて，ここに直流電圧2Vが印可されている。左側から電流Iが大地に入り，拡散するとともに電位が下がり，中央ではVだけ降下する。右半分では再び電位が下がり，やはりVだけ降下する。この電圧Vと電流Iの比率が接地抵抗値である。

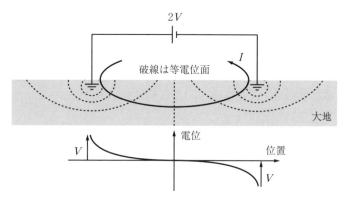

図9.2　大地の抵抗による電位分布

電極の間隔がおおむね10m以上であれば，中央付近の電位の変化はほぼなくなる。言い換えると，1つの電極から見ておおむね5mの範囲で接地抵抗値が決まる。

電気設備工事においては，この接地抵抗を十分低くすることが求められる。「電気設備の技術基準」では，目的に応じて**表9.1**のように接地抵抗を確保することを定めている。

図9.3は道路に設置されている**配電箱**である。地中配電を行っている場所であっても変圧器や補償リアクトル，分岐盤だけは地上に出す必要があるため，このような箱が見られる。架台部分を見ると「A種接地埋設標示板」があり，前方1m，深さ2mの接地線により，接地抵抗4Ωが確保されていることがわかる。

9.1 接地抵抗の基準

表 9.1 接地工事の分類

種類	摘 要	接地抵抗値
A 種接地工事	高圧または特別高圧などの電圧が高い機器の鉄台, 金属製外箱などの接地	10 Ω 以下
B 種接地工事	高圧または特別高圧と低圧を結合する変圧器の中性点(中性点がない場合は低圧側の一端子)の接地	・変圧器の高圧側または特別高圧側の電路の1線地絡電流のアンペア数で 150 を除した値以下 ・高圧または 35 000 V 以下の特別高圧の電路と低圧電路を結合するもの 　1 s を超え 2 s 以下 $300/I_g$ 　1 s 以下 $600/I_g$ 　I_g は変圧器の地絡電流
C 種接地工事	300 V を超える低圧の機器の鉄台, 金属製外箱などの接地	10 Ω 以下(ただし, 低圧電路において, 当該電路に地絡を生じた場合に, 0.5 s 以内に自動的に電路を遮断する装置を施設するときは 500 Ω 以下)
D 種接地工事	300 V 以下の機器の鉄台, 金属製外箱などの接地	100 Ω 以下(ただ, 低圧電路において, 当該電路に地絡を生じた場合に, 0.5 s 以内に自動的に電路を遮断する装置を施設するときは 500 Ω 以下)

(a) 配電箱本体

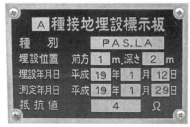

(b) 架台の標示板

図 9.3　A 種接地工事が施された配電箱

9.2 接地抵抗の計測

実際にはどのようにして接地抵抗を測定するかであるが，図9.2のように同じ電極を2つ準備することはまず困難である。そこで**図9.4**のように補助電極を2つ設ける。これを**三電極法**と呼ぶ。測定対象Eと補助電極H(C)の間に交流電流を流す。ここで分極作用による電気分解が発生するため，直流は使用できない。そして測定対象Eと補助電極S(P)の間の電位差を検出する。図9.2で説明した理由により，各極は5m以上離す。そして障害物がなければ直線状に配置するのが理想である。

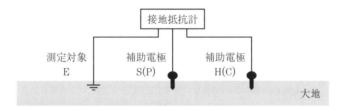

図9.4 三電極法における結線

すでに接地抵抗がわかっている電極を使用可能であれば，**図9.5**の**二電極法**も簡易的な計測方法として可能である。B種接地工事は通常数十Ω以下であり，測定対象とするD種接地工事には100Ω以下が求められている。この方

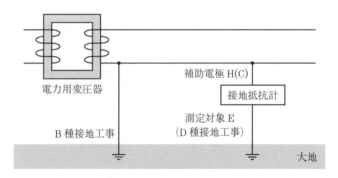

図9.5 二電極法における結線

法では両方の和が測定されるが,これが100Ω以下であれば,D種接地工事としては問題ないことになる。

接地抵抗計の製品例として,HIOKI製接地抵抗計FT6031を図9.6に示す。上記に説明したように3端子が設けられている。ここから測定コードを引き延ばす。表9.2はおもな仕様である。**地電圧**(大地の迷走電流により生じる電圧)を計測する機能もある。また,屋外で使用することから防塵防水性も強化されている。

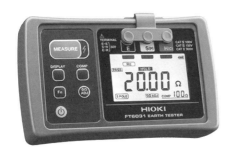

図 9.6　HIOKI 製接地抵抗計 FT6031
　　　（HIOKI カタログより）

表 9.2　HIOKI 製接地抵抗計 FT6031 のおもな仕様

測定方式	2 電極法/3 電極法,切替
測定範囲と確度	20 Ω　(0 〜 20.00 Ω):±(1.5 % rdg + 8 dgt) 200 Ω　(0 〜 200.0 Ω):±(1.5 % rdg + 4 dgt) 2 000 Ω　(0 〜 2 000 Ω):±(1.5 % rdg + 4 dgt)
地電圧	0 〜 30.0 Vrms 確度:±(2.3 % rdg + 8 dgt)(50/60 Hz) 　　　±(1.3 % rdg + 4 dgt)(DC)

9.3　絶縁抵抗の基準

電線と電線の間,あるいは電線と大地の間は絶縁されている必要がある。その間は抵抗値が無限大であるのが理想的であるが,実務上は対地静電容量や絶縁劣化などにより,有限の値となる。

「電気設備に関する技術基準を定める省令」(経済産業省)では,「第五十八条　電気使用場所における使用電圧が低圧の電路の電線相互間及び電路と大地

との間の絶縁抵抗は，開閉器又は過電流遮断器で区切ることのできる電路ごとに，次の表の左欄に掲げる電路の使用電圧の区分に応じ，それぞれ同表の右欄に掲げる値以上でなければならない。」として，**表9.3**に示す**絶縁抵抗**を定めている。

表9.3　電路の絶縁抵抗

電路の使用電圧の区分		絶縁抵抗値〔MΩ〕
300 V 以下	対地電圧が 150 V 以下の場合	0.1
	その他の場合	0.2
300 V 超過		0.4

一方，電気機器の例として，日本電気協会の規格（JEAC）では，油入変圧器と計器用変成器について**図9.7**を目安としている。

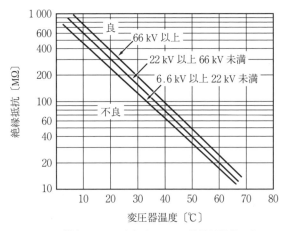

（注）1 000 V または 2 000 V 絶縁抵抗計による

図9.7　変圧器と変成器の絶縁抵抗判定値（JEAC 5001）

また，回転機については JEC（電気学会調査会）規格を参考として以下の式が目安として用いられている。

$$絶縁抵抗〔\text{MΩ}〕 > \frac{定格電圧〔\text{V}〕}{定格出力〔\text{kW}〕+1\,000} \tag{9.1}$$

$$絶縁抵抗〔\mathrm{M}\Omega〕 > \frac{定格電圧〔\mathrm{V}〕+回転速度〔\min^{-1}〕/3}{定格出力〔\mathrm{kW}〕+2\,000}+0.5 \quad (9.2)$$

9.4 絶縁抵抗の計測

絶縁抵抗の測定に当たっては高圧を加える専用の回路を構成する必要があるが,限られた電圧であれば**絶縁抵抗計**を使用する。これは**メガー**とも呼ばれる。

使用上の注意点として,測定端子に高電圧が発生することがある。耐電圧が低い,または不明の機器は,事前に回路を取り外すことが必要である。特にコンピュータのように一瞬の過電圧ですぐ故障に至る機器が測定対象に接続されている場合には,特段の注意が必要である。

製品例として SANWA 製絶縁抵抗計 PDM5219S の写真を**図 9.8** に,おもな仕様を**表 9.4** に示す。

図 9.8 SANWA 製絶縁抵抗計 PDM5219S

表 9.4 SANWA 製絶縁抵抗計 PDM5219S のおもな仕様

目　盛	0.02 〜 0.1 〜 50 〜 100 MΩ
許容差	指示値の ±5 %（0.5 〜 50 MΩ）
	指示値の ±10 %（それ以外）

演 習 問 題

【1】 接地工事の具体的な施工方法について，事例を挙げて説明せよ。

【2】 電気製品の事例を調べ，仕様として定められている絶縁抵抗の値を示すととも
に，どの部分を指しているのか図示せよ。

【3】 絶縁抵抗の劣化により生じる障害の具体的な事例を説明せよ。

10 磁気の計測

磁気の計測はさまざまな場面で行われている。磁性材料の評価，変圧器や回転機の磁束分布の評価，物体の接近・接触センサとしての利用，地磁気の計測など，挙げればきりがない。本章では3節に絞り解説することとする。

10.1 ホール素子

導電体に流れる電流に垂直に磁界が加わると，**ホール効果**により電流の経路が変り，これらの垂直方向に起電力が発生する。この効果を利用して磁界に応じた電圧を発生させ，センサとして使用できる。これが**ホール素子**である。**図10.1** はその概念図を示している。

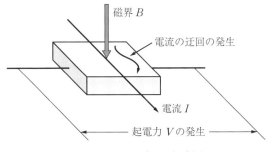

図 10.1 ホール素子の概念図

ホール素子の使用に当たっては非線形性や温度変化に対する補正が必要であり面倒であるが，この処理機能まで含めた部品も市販されている。**図 10.2** は，Allegro MicroSystems 製ホールセンサ A1324LUA-T である。3端子あるうち，

10. 磁気の計測

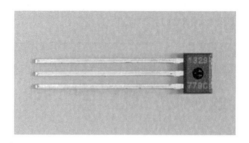

図 10.2 Allegro MicroSystems 製ホールセンサ A1324LUA-T

2端子は電源，もう1端子が電圧出力である。補正回路が内蔵されており，簡単に高い精度を得ることができる。使用温度も－40～150℃と非常に広くなっている。**表 10.1** におもな仕様を示す。

表 10.1 Allegro MicroSystems 製ホールセンサ A1324LUA-T のおもな仕様

電　源	5 V
消費電流	6.9 mA（無負荷時）
出　力	アナログ電圧出力
磁界ゼロ時の出力	2.5 V
感　度	5 mV/ガウス（1 ガウス = 10^{-4} T）
直線性誤差	±1.5 %以内
対称性誤差	±1.5 %以内

10.2　エプスタイン装置

磁性材料の**鉄損**を測定するために使用されるのが，エプスタイン装置である。短冊状の試料を，**図 10.3** のようにたがい違いに積む。この4辺に一次コイルと二次コイルをそれぞれ直列に配置する。これは等価的には**図 10.4** のように一種の変圧器とみなせる。

このセットの消費電力を電力計で測定するのであるが，電流端子は一次側，電圧端子は二次側に接続するのがポイントである。この変圧器の損失は鉄損と

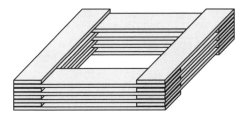

図 10.3 試料の積み方

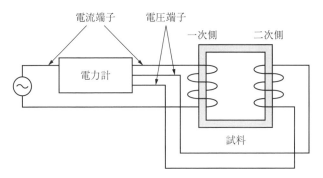

図 10.4 エプスタイン装置の回路構成

銅損であるが,二次側の電圧を測定することで銅損は無視され,鉄損だけを独立して測定できる。

10.3 地磁気センサ

地磁気を測定することで,物体の方位を推定することができる。これを可能にするのが地磁気センサである。製品例として Honeywell 製 3 軸地磁気センサ HMC5883L を示す。

本製品は磁気抵抗素子と A-D コンバータをパッケージとしてまとめており,3 軸の磁気測定が簡単に行える。秋月電子通商ではこれをモジュールとして製品化しており,マイコンにも簡単に組み込めるようにしている。**図 10.5** はそのモジュールである。

おもな仕様を**表 10.2** に示す。

10. 磁気の計測

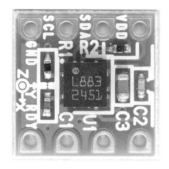

図 10.5 Honeywell 製 3 軸地磁気センサ HMC5883L のモジュール

表 10.2 Honeywell 製 3 軸地磁気センサ HMC5883L のおもな仕様

電源電圧	2.16 ～ 3.6 V
消費電流	100 μA（測定時），2 μA（アイドル時）
インタフェース	I^2C（～ 400 kHz）
I^2C アドレス	8-bit：0x3C [write] / 0x3D [read]
フルスケールレンジ	-8 ～ $+8$ ガウス（1 ガウス $= 10^{-4}$ T）
ダイナミックレンジ	± 1 ～ ± 8 ガウス（3 ビット）
感　度	230 ～ 1 370 LSb / ガウス 条件 $V_{DD} = 3.0$ V，GN $= 0$ to 7，12-bit ADC*
ディジタル感度	0.73 ～ 4.35 m ガウス $V_{DD} = 3.0$ V，GN $= 0$ to 7，1-LSb，12-bit ADC*

＊ ADC は A-D コンバータを示す

Column

楽しい計測器ショップめぐり

　いまや数十万円台の計測器であってもネットで購入できる時代にはなったものの，使い勝手は現物を見ないとわからないことも多く，やはり店舗を回ってじっくり見聞することをお勧めしたい。

　東京・秋葉原駅近くには「計測器ランド」があり，各種メーカーの計測器がそろっているほか，旧リース品を含む中古品も並んでおり，どのような機器が永く使用されているのかも知ることができる。また，電子工作ファンには広く知られている「秋月電子通商」も秋葉原にある。ここではさまざまなセンサも取り扱っており，意外なセンサを見つけたり知ったりすることも多く，見ているだけも楽しい。

出力はアナログではなく，I^2C（inter integrated circuit）である。これはフィリップス社が提唱した周辺デバイスとのシリアル通信の方式で，2線での高速通信を実現する方式である。

演 習 問 題

【1】 ホール素子の動作原理について，数式を用いて詳しく説明しなさい。
【2】 磁性材料の磁化特性を計測する方法，測定項目，原理を説明しなさい。
【3】 気象庁地磁気観測所の役割を説明しなさい。

11 温度の計測

温度の測定方法は大きく分けて2つあり，導電体の抵抗値の変化を利用する場合（サーミスタ）と，金属接合部に発生する起電力を利用する場合（熱電対）の2つがある。

11.1 サーミスタ

サーミスタは導電体の抵抗値の変化を利用したセンサである。構造が簡単であり，安価であることから温度検知や温度補償用として用いられる。製品例としてmuRata（村田製作所）製NTCサーミスタ（10 kΩ）を**図 11.1**に，そのおもな仕様を**表 11.1**に示す。

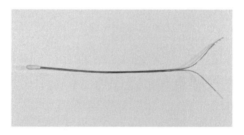

図 11.1 muRata製NTCサーミスタ（10 kΩ）

温度が上昇すると一般に導電体の抵抗値は上昇する。この特性は半導体の材料固有であり，**B定数**として定められる。温度 T_0〔℃〕のときの抵抗値 R_0〔Ω〕は，T〔℃〕のとき抵抗値 R〔Ω〕に変化する。これは次式で得られる。

11.2 熱 電 対　　99

表 11.1　muRata 製 NTC サーミスタのおもな仕様

抵抗値（25℃）	10 kΩ ± 1 %
B 定数（25 ～ 50℃）	3 380 K* ± 1 %
B 定数（25 ～ 80℃）（参考値）	3 428 K
B 定数（25 ～ 85℃）（参考値）	3 434 K
B 定数（25 ～ 100℃）（参考値）	3 455 K
温度検知用動作電流（25℃）	0.12 mA
定格電力（25℃）	7.5 mW
熱放散係数（25℃）	1.5 mW/℃
熱時定数（25℃）	4 s

＊ K は絶対温度（ケルビン）

$$R = R_0 \times e^{\left\{ B\left(\frac{1}{T+273} - \frac{1}{T_0+273} \right) \right\}} \tag{11.1}$$

11.2 熱　　電　　対

異なる金属どうしを接触させて熱を与えると起電力が発生する。これは**熱起電力**と呼ばれる。そしてこの現象を利用したのが**熱電対**である。**サーモカップル**とも呼ばれる。温度センサとして実用性のある金属の組み合わせがセンサとして使用され，**表 11.2** に示す JIS C 1602 ではその記号も定められている。

表 11.2　JIS C 1602 による熱電対の構成材料と種類の記号

種類の記号	＋側導体の構成材料	－側導体の構成材料
B	ロジウム 30 % を含む白金ロジウム合金	ロジウム 6 % を含む白金ロジウム合金
R	ロジウム 13 % を含む白金ロジウム合金	白金
S	ロジウム 10 % を含む白金ロジウム合金	白金
N	ニッケル，クロムおよびシリコンを主とした合金	ニッケルおよびシリコンを主とした合金
K	ニッケルおよびクロムを主とした合金	ニッケルおよびアルミニウムを主とした合金
E	ニッケルおよびクロムを主とした合金	銅およびニッケルを主とした合金

表11.2 （つづき）

種類の記号	＋側導体の構成材料	－側導体の構成材料
J	鉄	銅およびニッケルを主とした合金
T	銅	銅およびニッケルを主とした合金
C	レニウム5％を含むタングステン・レニウム合金	レニウム26％を含むタングステン・レニウム合金

図11.2と図11.3は熱電対の例である。

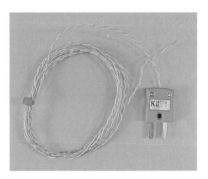
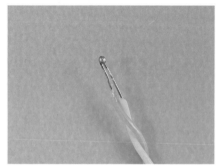

（a）全　　体　　　　　　　　（b）熱電対部分

図11.2　熱電対の市販品の例；その1（絶縁カバーなし）

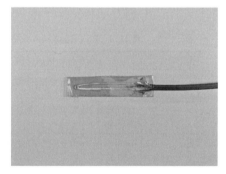

（a）全　　体　　　　　　　　（b）熱電対部分

図11.3　熱電対の市販品の例；その2（絶縁カバーあり）

11.3 サーモパイル

熱電対を直並列に組み合わせ、出力特性を高めたのが**サーモパイル**である。熱電対単体では起電力が小さく非接触測定には不向きであるが、サーモパイルの使用により非接触測定が可能となる。すなわち、熱をもつ物体からは放射熱があり、レンズを用いてサーモパイルに集光すれば、非接触測定が可能となる。これは熱を面的に画像表示できる**サーモグラフィー**としても応用されている。非接触であれば遠隔の温度を測定できるほか、対象物の温度そのものが変化しないことや、センサ部分の劣化を防止できるというメリットもある。

製品例として HIOKI 製 FT3701 放射温度計を**図 11.4** に示す。本製品はガンタイプで手軽に使用できて、温度をディジタル値で確認できる特徴がある。

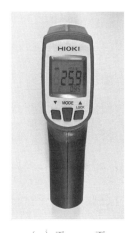 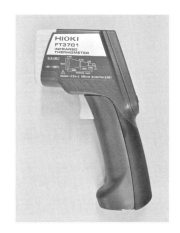

（a）正　面　　　　　　（b）側　面

図 11.4　HIOKI 製 FT3701 放射温度計

図 11.5 は視野範囲である。これを示すレーザマーカがついていて、どの範囲の熱を測定しているかが明確となる。

例えば電気機器を製作して使用した際に、どの部分でどの程度発熱しているかを簡単に確認できる。**表 11.3** におもな仕様を示す。

11. 温度の計測

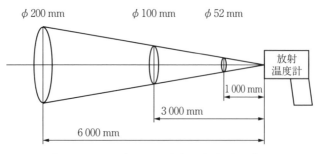

図11.5 HIOKI製FT3701放射温度計の視野範囲

表11.3 HIOKI製FT3701放射温度計のおもな仕様

測定温度範囲	$-60 \sim 760$ ℃
表示分解能	0.1 ℃
応答時間	1 s（90 %応答）
測定波長	$8 \sim 14$ μm
放射率補正	$0.10 \sim 1.00$，0.01 ステップ
測定確度（赤外線）	$-60 \sim -35.1$ ℃：確度規定なし $-35.1 \sim -0.1$ ℃：±10 % rdg±2 ℃ $0.0 \sim 100.0$ ℃：±2 ℃ $100.1 \sim 500.0$ ℃：±2 % rdg $500.1 \sim 760.0$ ℃：確度規定なし

11.4 温度ロガー

　建築物や環境の温度測定は長期間にわたることがある。その場合は温度をロガーで一旦記録して，記録データを一定期間ごとに収集する方が効率的である。これを可能とするのが**温度ロガー**である。

　製品例としてHIOKI製温湿度ロガーLR5001を説明する。**図11.6**に外観，**表11.4**におもな仕様を示す。本製品は温度のほか，湿度の記録も可能である。電池駆動の小形軽量ポケットサイズであり，設置しやすく記録容量も十分ある。パソコンでデータを処理する場合は，赤外線によるデータ転送用光通信アダプタ，またはデータロガー用回収器（データコレクタ）を用いる。

図 11.6 HIOKI 製温湿度
ロガー LR5001

表 11.4　HIOKI 製温湿度ロガー LR5001 のおもな仕様

測定項目	温度 1 ch，湿度 1 ch
測定範囲	温度：−40.0 ～ 85.0 ℃ 湿度：0 ～ 100 % rh*
確　度	温度基本確度：±0.5 ℃（本体＋センサ確度，0.0 ～ 35.0 ℃にて） 湿度基本確度：±5 % rh（本体＋温湿度センサ LR950x，使用確度 20 ～ 30 ℃ / 10 ～ 50 % rh にて）
記録容量	瞬時値記録：60 000 データ，統計値記録：15 000 データ
記録間隔	1 ～ 30 s，1 ～ 60 min，15 設定
記録モード	瞬時値記録：記録間隔ごとの瞬時値を記録 統計値記録：1 s 間隔で測定し記録間隔ごとの瞬時値，最大 / 最小 / 平均値を記録

＊ 相対湿度（relative humidity）

演 習 問 題

【1】 電子体温計の回路の模式図を描き，それぞれの機能を説明しなさい。

【2】 放射温度計による温度測定では，物体の熱放射の放射率により補正が必要となる場合がある。この具体的な手順について説明しなさい。

【3】 サーモグラフィーの製品事例，応用例，動作原理について説明しなさい。

12 光 の 計 測

光の計測方法は大きくわけて 2 つあり，導電体の抵抗値の変化を利用する場合（CdS セル）と，半導体素子の一種であるフォトダイオード，フォトトランジスタがある。このほか，焦電形赤外線センサ，照度の測定についても解説する。

12.1 CdS セ ル

光の強度により電気抵抗が下がる素子はフォトレジスタと呼ばれる。これは硫化カドミウム（CdS）セルが広く知られている。**CdS セル**と称させることも多い。抵抗値の変化幅が広く，波長域も紫外線〜可視光〜赤外線と広範囲であることから多用されている。ただし応答速度が遅いのが欠点である。

製品例として Macron International Group 製 CdS MI527 を紹介する。**図 12.1** に外観，**表 12.1** におもな仕様を示す。

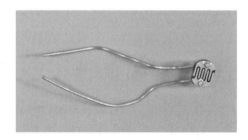

図 12.1　Macron International Group 製 CdS MI527

12.2 フォトダイオード，フォトトランジスタ 105

表 12.1 Macron International Group 製
CdS MI527 のおもな仕様

ピーク波長	540 nm
最大電圧	150 V_{DC}
最大電力	100 mW
明抵抗	10 ～ 20 kΩ（10 lx 時）
暗抵抗	1 MΩ
反応時間	上昇 20 ms，下降 30 ms
照度特性	1 lx：60 ～ 300 kΩ 10 lx：20 ～ 40 kΩ 100 lx：4 ～ 7 kΩ

12.2 フォトダイオード，フォトトランジスタ

半導体の pn 接合部分に光が照射されると，光子が電子を励起して光電流が流れる。この効果を用いて光検出として用いられる素子が**フォトダイオード**である。材料により検出可能な波長は異なり，シリコン，ゲルマニウム，インジウム・ガリウム，ヒ素，硫化鉛などが用いられる。また，pnp または npn 構造のトランジスタでも類似の効果があり，光の照射により増幅率が増加する。この性質を利用したのが**フォトトランジスタ**である。

（1） **フォト IC ダイオード**

フォトダイオードを応用した部品として，**フォト IC ダイオード**がある。製品例として浜松ホトニクス製フォト IC ダイオード S9648-200SB を示す。チップ上に 2 つのフォトダイオードと電流アンプがあり，補正を行うことで可視光にのみ感度を持たせている。

図 12.2 に外観，**図 12.3** に概念図と使用方法，**表 12.2** におもな仕様を示す。

（2） **フォトカプラ**

異なる設計の回路内で，信号を伝搬しながら回路を絶縁する目的で使用されるのが**フォトカプラ**である。例えばインバータ回路の駆動では，マイコンから出力される動作信号の基準電位は 1 つしかないが，スイッチング素子のゲート

106   12. 光 の 計 測

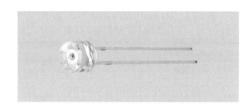

図 12.2　浜松ホトニクス製フォト IC ダイオード
　　　　 S9648-200SB（カタログ写真）

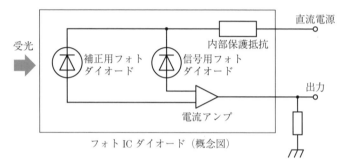

図 12.3　浜松ホトニクス製フォト IC ダイオード
　　　　 S9648-200SB の概念図と使用方法

表 12.2　浜松ホトニクス製フォト IC ダイオード S9648-200SB のおもな仕様

最大逆電圧	$-0.5 \sim +12$ V
光電流	5 mA
順電流	5 mA
許容損失	250 mW（25 ℃以上で 3.3 mW/℃の割合で減少）
感度波長範囲	$320 \sim 820$ nm
最大感度波長	560 nm
上昇時間	6.0 ms（$10 \sim 90$ %，測定条件あり）
下降時間	2.5 ms（$90 \sim 10$ %，測定条件あり）
光電流-照度特性	$0.1 \sim 1\,000$ lx の範囲で約 300 nA ~ 3 mA 出力，両対数特性

端子の基準電位は，ばらばらである．このような回路のロジックインタフェースで用いられている．

　フォトカプラの中は，図 12.4 のように発光ダイオードとフォトトランジスタが組み合わさっている．フォトカプラを通電すると発光して，フォトトラン

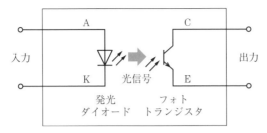

図12.4 フォトカプラの構成

ジスタが導通する。これらはパッケージ内に密封されているため，発光している様子を見ることはできない。

製品例として東芝製フォトカプラ TLP624 を取り上げる。図12.5 に外観，表12.3 におもな仕様を示す。GaAs 赤外発光ダイオードとフォトトランジスタを組み合わせている。本製品には 1 セット（4 ピン）のほか，2 セット（8 ピン），3 セット（12 ピン）のシリーズが用意されている。

図12.5 東芝製フォトカプラ TLP624

表12.3 東芝製フォトカプラ TLP624 のおもな仕様

発光側	直流順電流	60 mA
	パルス順電流	1 A（100 μs，100 pps）
	直流逆電圧	5 V
受光側	コレクタ-エミッタ間電圧	55 V
	エミッタ-コレクタ間電圧	7 V
	コレクタ電流	50 mA
	コレクタ損失	150 mW

（3） フォトリフレクタ

フォトリフレクタは物体の存在の有無を検知する目的で使用される。発光素子から物体に照射して，その反射光を受光素子で受光することで検出する。製品例として Letex Technology 製フォトリフレクタ LBR-127HLD を示す。**図 12.6** に外観，**表 12.4** におもな仕様を示す。本製品は赤外線発光ダイオードと npn 形フォトトランジスタの組み合わせで構成されている。

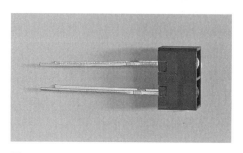

図 12.6 Letex Technology 製フォトリフレクタ LBR-127HLD

表 12.4 Letex Technology 製フォトリフレクタ LBR-127HLD のおもな仕様

発光側	直流順電流	60 mA
	ピーク順電流	1 A（10 μs，周期 10 ms）
	直流逆電圧	5 V
受光側	コレクタ-エミッタ間電圧	30 V
	エミッタ-コレクタ間電圧	5 V
	コレクタ電流	20 mA
	コレクタ損失	100 mW

（4） フォトセンサ（フォトインタラプタ）

フォトセンサの用途は，フォトリフレクタと同じく物体の存在検知であるが，発光素子と受光素子を対向させて，その間にスリットを設けてその間を物体が通過しているかどうかを検出する。身近なところでは自動販売機のコイン投入の検知，プリンタの紙移動検知などの用途がある。

製品例として，新光電子製透過形フォトセンサ KI-1138-AA を取り上げる。

12.2 フォトダイオード,フォトトランジスタ

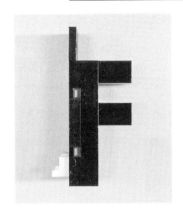

図 12.7 新光電子製透過形
フォトセンサ KI-1138-AA

表 12.5 新光電子製透過形フォトセンサ
KI-1138-AA のおもな仕様

電源電圧	6 V
ローレベル出力電流	50 mA
動作電源電圧	4.5〜5.5 V
ローレベル供給電流	25 mA
ハイレベル供給電流	0.4 V
ローレベル供給電流	0.4 V
ハイレベル供給電流	電源電圧×0.9 V
応答時間	上昇 1.47 μs, 下降 0.02 μs

図 12.7 に外観,**表 12.5** におもな仕様を示す.

本製品は発光素子として発光ダイオード,受光素子としてフォトダイオードを使用している.発光ダイオードには制限抵抗,フォトダイオードにはアンプやプルアップ抵抗が組み込まれていて,物体検出ユニットとして使用できる.

また,カバーが二重構造であり,外側カバーが防塵の役割を果たし,内側カバーには検出用の幅 0.5 mm のスリットがある.周辺の光の影響を受けにくい特徴もある.2 セットが組み込まれていて,物体の移動方向の検出も可能である.

(5) 日　射　計

気象観測をはじめ,近年では太陽光発電システムの発電量評価などの目的に

使用されるのが**日射計**である。長期間の使用に耐えられることと，大きな入射角特性を有することが求められる。

製品例として英弘精機製小形日射計 ML-01 を紹介する。**図 12.8** に外観，**表 12.6** におもな仕様を示す。本製品にはフォトダイオードが使用されている。図 12.8 は，屋外のコンクリート壁に固定して使用している例である。

図 12.8 英弘精機製小形
日射計 ML-01

表 12.6 英弘精機製小形日射計 ML-01 のおもな仕様

分光感度範囲	400 〜 1 100 nm
測定範囲	0 〜 2 000 W/m^2
出　力	0 〜 100 mV
応答速度	95 % <1 ms
使用温度	−30 〜 +70 ℃
温度特性	0.15 %/℃ (50 ℃域)
開口角	180°
安定性	<2 %/年

12.3　焦電形赤外線センサ

焦電形赤外線センサは，人体から発せられる赤外線を検出するセンサである。強誘電体が赤外線を受けると電荷が生じる。これは**焦電効果**と呼ばれ，温

度の変化に応じて，自発分極をもつセラミックの表面に帯電する電荷が増減する現象である．これを増幅することで実用的な信号レベルを取り出すことができる．

人体検出のためには，2つの素子をたがい違いに直列にしている．光量が同一であれば，起電力は打ち消し合う．人体の移動により光量に偏りが生じると両素子に生じる起電力も不均一となり，出力を生じる．実際には太陽光などを除外するための光学系フィルタや，集光用のフレネルレンズと組み合わせて使用される．

製品例として Eagle Power International 製焦電形赤外線センサ D205B を示す．図 12.9 に外観，表 12.7 におもな仕様を示す．本製品は焦電体のペアが2組用いられている．図 12.10 は構成と使用方法である．

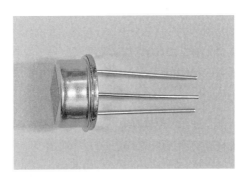

図 12.9 Eagle Power International 製焦電形赤外線センサ D205B

表 12.7 Eagle Power International 製焦電形赤外線センサ D205B のおもな仕様

動作電圧	$3 \sim 15\,\mathrm{V}$
赤外線受信導体数	4
スペクトラル応答	$5 \sim 14\,\mathrm{\mu m}$
感　度	$\geq 4\,300\,\mathrm{V/W}$
検出度	$1.6 \times 10^8\,\mathrm{cmHz^{1/2}/W}$
オフセット電圧	$0.3 \sim 1.2\,\mathrm{V}$

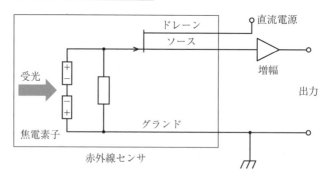

図 12.10　Eagle Power International 製焦電形赤外線センサ D205B の構成と使用方法

12.4　照 度 の 計 測

　屋内の照度を適切に設定することにより，作業空間の環境性を保つことができる。暗すぎると誤認が増えて作業効率が落ちる。明るすぎるとやはり集中力が落ちる。**JIS Z 9110** では**照度基準**が設けられており，場所や活動内容に応じて照度範囲や推奨照度が規定されている。例えば

・工場のきわめて細かい視作業では範囲 500 ～ 1 000 lx，750 lx を推奨

・工場の屋内非常階段範囲 30 ～ 75 lx，50 lx を推奨

のようになっている。そこで使用されるのが**照度計**である。

　JIS C 1609-1 : 2006 では

① 一般形精密級照度計：精密計測，光学実験などの研究室レベルで要求される高精度の照度測定に用いる。

② 一般形 AA 級照度計：基準・規定の適合性評価などにおける，照度値の信頼性が要求される照明の場での照度測定に用いる。

③ 一般形 A 級照度計：実用的な照度値が要求される照度測定に用いる。

の 3 タイプに分類されている。

　照度計の製品例として HIOKI 製照度計 FT3424 を示す。**図 12.11** に外観，**表 12.8** におもな仕様を，**表 12.9** におもなレンジの仕様を示す。

12.4 照度の計測

図 12.11 HIOKI 製照度計 FT3424

表 12.8 HIOKI 製照度計 FT3424 のおもな仕様

階 級	JIS C 1609-1：2006 一般形 AA 級照度計
有効表示けた	2 000 カウント
表示更新レート	500 ms ± 20 ms
直線性	± 2 % rdg (3 000 lx を超える表示値に対しては 1.5 倍) (レンジの 1/3 未満の表示値に対しては ± 1 dgt 加算)
アナログ出力レベル	2 V/ レンジ f.s.
アナログ出力確度	± 1 % rdg ± 5 mV（表示カウントに対して）
アナログ出力抵抗	1.1 kΩ 以下

表 12.9 HIOKI 製照度計 FT3424 のレンジの仕様

レンジ〔lx〕	測定対象〔lx〕	表示ステップ〔カウントステップ〕	アナログ出力
20	0.00 〜 20.00	1	0.1 mV/0.01 lx
200	0.0 〜 200.0		0.1 mV/0.1 lx
2 000	0 〜 2 000		0.1 mV/1 lx
20 000	00 〜 20 000	10	0.1 mV/10 lx
200 000	000 〜 200 000	100	0.1 mV/100 lx

本製品はシリコンフォトダイオードにより照度を測定する。測定結果をディジタル値で表示するほか，アナログ出力端子があり，データロガーなどでの記録が可能である。また USB 出力端子もあり，パソコンとの通信も可能である。

114   12. 光 の 計 測

演 習 問 題

【1】 光センサを応用した家電製品を取り上げ，使用されているセンサの種類，求められる性能，測定値の処理の流れについて説明しなさい。

【2】 リニアエンコーダの製品事例を取り上げ，構造と動作原理について説明しなさい。

【3】 建築設備の具体的な事例を調べ，照明設備と求められる照度の関係を説明しなさい。

13 電源品質の計測

電源品質が悪化すると，機器の停止や故障に結びつく。そこでその原因を調べて解決をはかることが重要となる。電源品質には電圧変動，電圧不平衡，高調波などのいくつかの指標がある。また定常的な変動だけではなく，瞬時電圧低下のようにある瞬間だけ発生する事象もある。本章では特に製品に基づいて解説を進める。

13.1 電源品質アナライザ

電源品質を理解するためには理論的に考えることも可能であるが，測定機器を用いた方が簡単である。本章では，HIOKI 製 3197 電源品質アナライザを用いた計測について解説する。**図 13.1** はその外観である。本体のほか，電圧測

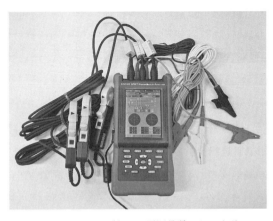

図 13.1 HIOKI 製 3197 電源品質アナライザ

定用のコード，電流測定用のクランプオンセンサ（オプション品）が必要となる。

測定ラインは単相2線式，単相3線式，三相3線式（3P3W2M），三相3線式（3P3W3M），三相4線式（3P4W），三相4線式（3P4W2.5E）の各種を測定することができる。

以下では三相3線式（3P3W3M）について解説する。ここで3Pは電圧源が3つ，3Wは電線路が3本，3Mは電流測定箇所が3か所あるという意味である。電圧測定用のコード3本とクランプオンセンサ3台の結線方法はやや複雑であるが，図13.2の結線案内に従って接続すれば問題ない。

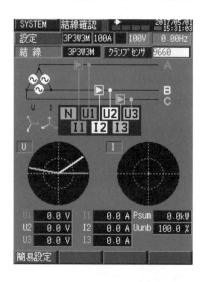

図13.2 結線案内

13.2 基本的な計測

図13.3は三相平衡運転を行っているときの本製品の画面表示である。各相の電圧と電流の波形グラフ，実効値，三相合計の電力（Psum），不平衡率（Uunb）が表示されている。

図13.4はベクトル表示であり，電圧の各相のベクトルと不平衡率，位相，

13.2 基本的な計測

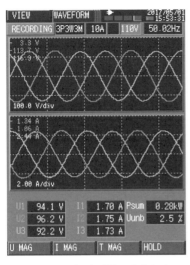

図 13.3　電圧と電流の波形表示

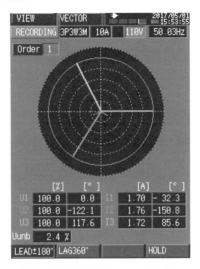

図 13.4　電圧と電流のベクトル表示

電流の大きさと位相が表示されている。この図では電圧は太線，電流は中心付近に細線で表示されている。

図 13.5 には各相の電圧と電流の最大最小値，有効・無効・皮相電力，力率なども表示されている。

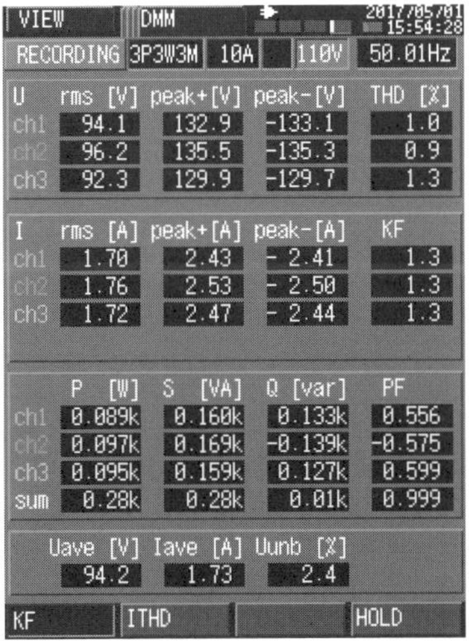

図 13.5　各値の数値表示

13.3 長時間の計測

13.2 節は本製品によるある瞬間に観測するデータであるが，このほか，一定の長い期間にて観測したいデータもある。

図 13.6 は電圧実効値の時間変動であり，**ディップ（電圧低下）**，**スウェル**

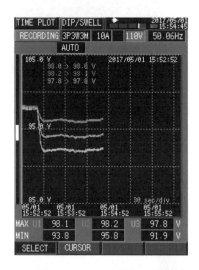

図 13.6 電圧実効値の時間変動

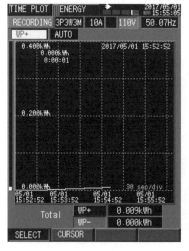

図 13.7 積算電力の表示

（電圧上昇）を確認できる．図 13.7 は**積算電力**の増加を示している．図 13.8 は**周波数変動**である．

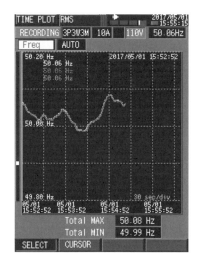

図 13.8　周波数変動の表示

13.4　高調波の計測

本製品は高調波の解析にも威力を発揮する．断続的な電流を消費する負荷を接続した場合の電圧電流波形を，**図 13.9** に示す．

このときの高調波各次成分を表示すると**図 13.10** のようになる．電圧は基本波を 100 ％としたときの各次の**高調波含有率**が示されている．また電流は各自の実効値である．**図 13.11** は高調波成分を含まない負荷を接続した場合であり，図 13.10 とはまったく異なることが確認できる．

図 13.12 は図 13.5 と同じく各値の数値表示であるが，高調波電流が流れているため，KF（K ファクタ[†]）が大きくなっている．また電圧の THD も増加していることがわかる．

[†]　K ファクタとは，変圧器における高調波電流による電力損失を示す．

120   13. 電源品質の計測

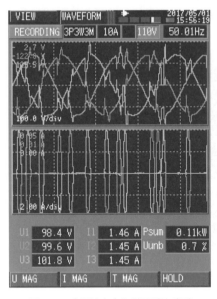

図 13.9　高調波を含む電圧電流波形

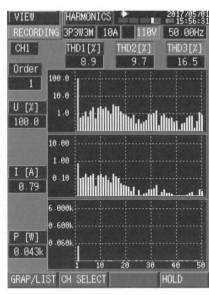

図 13.10　高調波成分を含む場合の各次成分

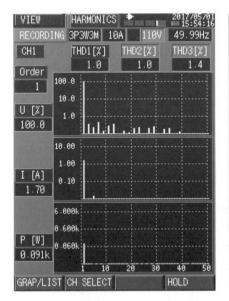

図 13.11　高調波成分を含まない場合の
　　　　　各次成分

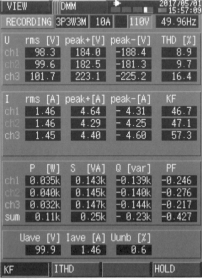

図 13.12　高調波成分を含む場合の
　　　　　各値の表示

13.5 イベント検出

瞬時停電のように，限定されたタイミングの観測データを重点的に記録したい場合がある．本製品は**イベント検出**を有しており，電圧スウェル，電圧ディップ，**瞬時停電**，突入電流，トランジェントオーバー電圧，タイマ，マニュアルの設定が可能である．しきい値をあらかじめ設定することで動作する．そして，あとから解析が可能である．

図 13.13 は瞬時停電から復帰する例であり，これは図 13.14 に示すようにイベントの 1 つとして記録されている．

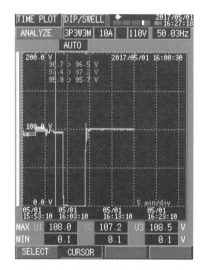

図 13.13 瞬時停電から復帰する例

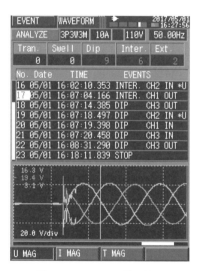

図 13.14 イベント検出機能

演 習 問 題

【1】 電圧不平衡の計測事例を調べ，目的と測定方法を説明しなさい．
【2】 高調波の計測事例を調べ，目的と測定方法を説明しなさい．
【3】 瞬時停電の計測事例を調べ，目的と測定方法を説明しなさい．

14

その他の計測

これまでに解説した計測技術や計測装置以外にも，電気電子計測の応用範囲は非常に幅広い。とても網羅しきれないが，比較的身近にある，データロガー，EMF の計測，検電器，距離の計測，加速度の計測，の 5 つについて解説する。

14.1 データロガー

データロガーはオシロスコープに似ているが，より長時間のデータ記録に重点をおいた機器である。多数のチャネルがあり，電圧値を指定したサンプリング間隔で指定した時間に取り込むことができる。測定したデータの表示もできるため，簡易的なオシロスコープとしても利用可能である。ただし高周波の測定には向かない。

製品例として HIOKI 製メモリーハイロガー 8430 を挙げる。**図** 14.1 に外観，**表** 14.1 に電圧測定の仕様を示す。これは 10 ms サンプリングで 10 チャネルの記録が可能である。

図 14.2 にディスプレイの表示例を示す。**図** 14.3 は CSV 形式の出力ファイルであり，CF カードに記録できる。データ収集アプリケーションを用いてパソコンとの接続も可能である。

表 14.2 はリアルタイム記録時間であり，メモリー容量と記録間隔が増えれば，より長い期間の記録が可能であることがわかる。また熱電対による温度測定，パルスの積算や回転数の測定もできる。

14.1 データロガー

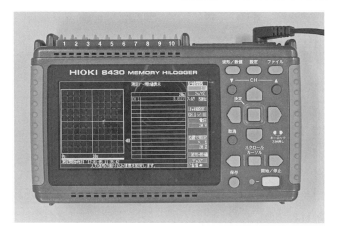

(a) 正　　面

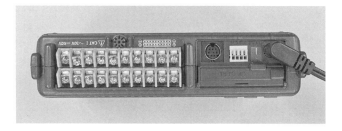

(b) 入力端子

図 14.1 HIOKI 製メモリーハイロガー 8430

表 14.1 HIOKI 製メモリーハイロガー 8430 の電圧測定の仕様

レンジ	測定可能範囲	最高分解能
100 mV f.s.	$-100 \sim +100$ mV	5 μV
1 V f.s.	$-1 \sim +1$ V	50 μV
10 V f.s.	$-10 \sim +10$ V	500 μV
20 V f.s.	$-20 \sim +20$ V	1 mV
100 V f.s.	$-60 \sim +60$ V	5 mV
$1 \sim 5$ V*	$1 \sim 5$ V	500 μV

測定確度：± 0.1 % f.s.
* 1 〜 5 V レンジの f.s. は 10 V

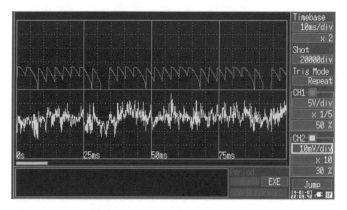

図 14.2　HIOKI 製メモリーハイロガー 8430 のディスプレイの表示例

	A	B	C	D	E	F	G	H
1	8870 DATA							
2								
3	記録長	時間軸	ﾄﾘｶﾞ日付	ﾄﾘｶﾞ時刻				
4	20 DIV	1ms(10us)	2014/1/8	14:05:11				
5								
6	ﾁｬﾈﾙ	ｱﾝﾌﾟ	電圧軸	ｺﾒﾝﾄ	ｽｹｰﾘﾝｸﾞ	変換比	ｵﾌｾｯﾄ	ﾌｨﾙﾀ
7	CH1	8870	5V		OFF	1.00E+00	0.00E+00	OFF
8	CH2	8870	10mV		ON	1.00E+00	0.00E+00	OFF
9	時間[s]	CH1[V]	CH2[A]					
10	0	-3.47E+01	-1.43E-02					
11	0.00001	-3.47E+01	-1.41E-02					
12	0.00002	-3.46E+01	-1.38E-02					
13	0.00003	-3.46E+01	-1.37E-02					
14	0.00004	-3.46E+01	-1.37E-02					
15	0.00005	-3.46E+01	-1.38E-02					
16	0.00006	-3.45E+01	-1.43E-02					
17	0.00007	-3.45E+01	-1.42E-02					
18	0.00008	-3.45E+01	-1.42E-02					
19	0.00009	-3.45E+01	-1.39E-02					

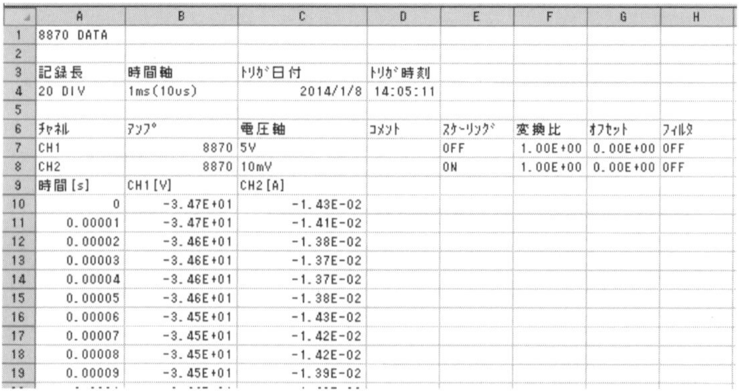

図 14.3　データロガーの CSV 形式出力ファイル

表 14.2　HIOKI 製メモリーハイロガー 8430 の CF カードへのリアルタイム記録時間

記録間隔〔ms〕	内蔵メモリ（7 MB）	512 MB	1 GB	2 GB
10	32 m	1 d 15 h 14 m	3 d 06 h 29 m	6 d 12 h 58 m
20	1 h 04 m	3 d 06 h 29 m	6 d 12 h 58 m	13 d 01 h 57 m
50	2 h 40 m	8 d 04 h 13 m	16 d 08 h 26 m	32 d 16 h 53 m
100	5 h 21 m	16 d 08 h 26 m	32 d 16 h 53 m	65 d 09 h 47 m
200	10 h 43 m	32 d 16 h 53 m	65 d 09 h 47 m	130 d 19 h 35 m
500	1 d 02 h 49 m	81 d 18 h 14 m	163 d 12 h 29 m	327 d 00 h 59 m

全チャネル記録時（アナログ 10 ch＋パルス 4 ch＋アラーム 1 ch）

14.2 EMF の 計 測　　*125*

表 14.3　HIOKI 製メモリーハイロガー 8430 温度測定のおもな仕様

レンジ	2 000 ℃ f.s.
測定可能範囲	− 200 ～ 2 000 ℃
最大分解能	0.1 ℃
測定入力範囲 （JIS C 1602-1995）	(K) − 200 ～ 1 350 ℃ 　(J) − 200 ～ 1 200 ℃ 　(E) − 200 ～ 1 000 ℃ (T) − 200 ～ 400 ℃ 　(N) − 200 ～ 1 300 ℃ 　(R) 0 ～ 1 700 ℃ (S) 0 ～ 1 700 ℃ 　(B) 400 ～ 1 800 ℃
測定確度 （アルファベットは 熱電対の種類の記 号，表 11.2 参照）	K，J，E，T，N：±2 ℃ R，S：±4.5 ℃（400 ℃未満） R，S，B：±3 ℃（400 ℃以上） 基準接点補償確度：±1 ℃ ・基準接点補償 INT：測定確度＝温度測定確度＋基準接点補償確度 ・基準接点補償 EXT：測定確度＝温度測定確度のみ

表 14.3 は温度測定のおもな仕様である。

14.2　EMF の 計 測

EMF は electromagnetic field （電磁界）の略であるが，特に人体の曝露に関連して用いられることが多い。人体は導電性であり，電磁界に曝露すると体内で電流の誘導や発熱が生じて，健康上の被害が予想されることから，社会の関心が高い。このほか，発生源からの周辺機器への影響を評価する指標としても使用される。

EMF の測定はその要求される精度により種々のレベルがあるが，ここでは簡易的な機器として市販されている汎用品である，CUSTOM 製 EMF テスタ EMF-822 を紹介する。**図 14.4** は外観，**表 14.4** はおもな仕様である。

本機器はテレビやパソコンなどから発生する電磁界のうち，商用周波数付近である 30 ～ 400 Hz を計測の対象としている。センサのタイプはカタログに記載がないが，一般的にはホール素子やサーチコイル（磁界測定のためのコイル）が使用される。**単磁界軸**の記載があり，XYZ 軸方向に本体を回転させて，表示値が最大点になるところを探す必要がある。

126   14. その他の計測

図 14.4　CUSTOM 製 EMF テスタ EMF-822

(生産完了品，ほぼ同等品としてエムケー・サイエンティフィック製電磁波測定器 EMF-822A がある)

表 14.4　CUSTOM 製 EMF テスタ EMF-822 のおもな仕様

表　示	3.5 けた
最大表示	199.9
レンジ	$0.1 \sim 199.9$ m ガウス（1 ガウス $= 10^{-4}$ T）
周波数	$30 \sim 400$ Hz
磁界軸	単磁界軸
確　度	$\pm (4\% \text{ rdg} + 3 \text{ d})$（50 Hz, 60 Hz にて）

14.3　検　電　器

電線が**活電**（課電）しているかどうかを調べるには電圧を測定する方法がまずあるが，それには 2 本以上の電線の導電部が露出していることが必要である。一方，電気設備工事の現場で必要となるのは，1 本ごとの電線に正しく活電されているかを知ることである。これを知るのが**検電器**である。

図 14.5 に示すように活電部であれば検電器と測定者，および測定者と地面の間に微弱電流が流れるため，これを検出することで活電を検知することができる。例として HIOKI 製検電器 3481 を示す。**図 14.6** は外観，**表 14.5** はおもな仕様である。

測定方法は簡単である。先端にある検知部を被測定物に当てる。これは被覆

14.3 検電器

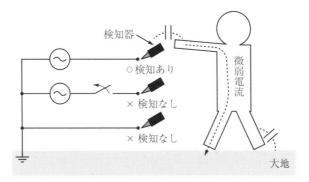

図14.5 検電器による活電状態の検知

図14.6 HIOKI製検電器3481

表14.5 HIOKI製検電器3481のおもな仕様

動作電圧範囲	AC40～600V（IV線*2mm²相当）の絶縁電線に接触した場合 最大感度可変範囲：AC40～80V（感度調整ボリュームで調整）
動作対象周波数	50/60 Hz
対地間最大電圧定格電圧	600 V
耐電圧	AC 8.54 kVrms（検知部・本体間）

＊IV電線（indoor PVC，屋内配線用のビニル絶縁電線）

部の上からでもよい。活電であれば検知してLEDが点灯するともにブザーが鳴る。回路が開いている場合や接地線である場合は検知されない。ただし，活電状態でも大地からの電圧が動作電圧範囲以下である場合は検知できないので，注意が必要である。

14.4 距離の計測

距離の測定には，**レーザ**による方法と超音波による方法がある。レーザによる測定では，一定パルス数のレーザを被測定物に放射する。その反射波を検知して，両方の位相差をもとに距離を算出する。レーザは直進するため，周辺の環境による影響が低いのが特徴となる。

距離計の製品例としてシンワ製レーザ距離計 L-Measure 40 Ⅱ を紹介する。図 14.7 は外観，表 14.6 はおもな仕様である。本製品は 40 m までの距離を高い精度で測定可能である。

図 14.7 シンワ製レーザ距離計
L-Measure 40 Ⅱ

表 14.6 シンワ製レーザ距離計 L-Measure 40 Ⅱ のおもな仕様

測定範囲	0.1 ～ 40 m
精　　度	0.1 ～ 10 m：±2.0 mm 10 m 以上：±2.0 mm±0.05×(D−10) mm（D は測定距離〔m〕）
測定条件	① 照度 3 000 lx 以下 ② 反射率 100 % の白色ターゲット ③ 測定温度 25 ℃
波　　長	620 ～ 690 nm

14.4 距離の計測

このほか**図 14.8**に示すように

(a) ピタゴラス（2点）測定：遠隔の対象物の長さを，両端のそれぞれの距離から算出する。1点は水平方向に測定した距離である。

(b) ピタゴラス（3点）測定：遠隔の対象物の長さを，両端および内側のそれぞれの距離から算出する。内側の点は水平方向に測定する。

(c) 面積測定：2点の距離から面積を算出する。

(d) 体積測定：3点の距離から体積を算出する。

といった機能があり，建築の現場における測定に重宝する。

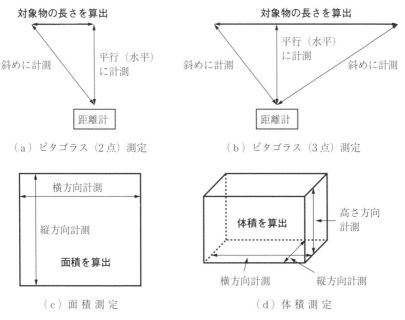

図 14.8　さまざまな測定モード

距離の測定方法のもう1つが**超音波**を利用する方法である。この方法は，環境の照度や対象物の光反射率に関係なく測定できるのが特徴であり，超音波パルスを発射してから対象物で反射して戻るまでの時間を利用する。この時間を T [s]，センサから対象物までの距離を D [m]，空気中の音速を $V=340$ [m/s] とすれば，距離は $D=T/2V$ で得られる。

130　14. その他の計測

製品例としてSainSmart製超音波距離センサHC-SR04を紹介する。**図14.9**は外観，**表14.7**はおもな仕様である。外部端子はシンプルであり，トリガパルスを入力すると反射時間信号が得られる。これをマイコンなどで計算すれば距離が得られる。

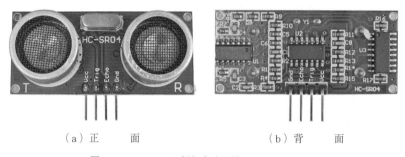

（a）正　　面　　　　　　　　　　（b）背　　面

図14.9　SainSmart製超音波距離センサHC-SR04

表14.7　SainSmart製超音波距離センサHC-SR04のおもな仕様

測距範囲	2～400 cm
測距範囲	基板正面より15°，分解能0.3 cm
動作電圧	DC 5 V
動作電流	15 mA
パルス	周波数40 kHz，パルス数8
トリガ信号	10 μs
トリガレベル	TTLレベル*

＊　スレッショルドレベルの意味

14.5　加速度の計測

加速度を測定することにより，物体の速度や位置を推定することができるほかに，傾き，衝撃，振動の検出，またカメラの手振れ防止機能などにも生かすことができる。これを可能にするのが**加速度センサ**である。

製品例として，Analog Devices製3軸加速度センサADXL335を示す。**図14.10**は外観，**表14.8**はおもな仕様である。

14.5 加速度の計測

図 14.10 Analog Devices 製 3 軸加速度センサ ADXL335 のモジュール（秋月電子通商製）

表 14.8 Analog Devices 製 3 軸加速度センサ ADXL335 のおもな仕様

電源電圧	DC 1.8 〜 3.6 V，以下は 3 V 時のデータ
測定レンジ	±3.6 g（g は地球の重力加速度）（代表値）
感　度	300 mV/g（代表値）
加速度ゼロ時の出力	1.5 V（代表値）

（2017 年 9 月現在の仕様）

　本製品は，シリコンウェーハの上面に構成されるポリシリコン表面マイクロマシン構造を有する。ポリシリコンのスプリング効果により加速力に対する変位が生じ，これを差動コンデンサによって検出して，位相検波方式により加速度を得ている。この機能と増幅部をパッケージとしてまとめており，3 軸の加速度検出が簡単に行える。

　秋月電子通商ではこれをモジュールとして製品化しており，マイコンにも簡単に組み込めるようにしている。出力はアナログ信号である。

Column

長生きなアナログ機器

　筆者の勤務先の実験室は，古い指示計器が相当数生き残っている。購入から 40 〜 50 年経ているものもあるが，現役で使用されている。それに引き替えディジタル機器は，表示基板や演算回路の故障が出やすく，20 〜 30 年が限度である。
　構造が簡単なアナログ機器の優位性を示す一例であり，これはほかの実験室でも同様であると考えられる。アナログ機器にはまだまだ長生きしてほしい。

132   14. そ の 他 の 計 測

演 習 問 題

【1】 環境計測では，温度，湿度，日射量などの計測を行い，ロガーで記録する必
要がある。事例を調査して，機器の構成図を作成するとともに，求められる
機能について説明しなさい。

【2】 EMF 測定機器のうち，高級機の製品事例を取り上げ，目的と用途を説明しな
さい。

【3】 スピードガンの測定の仕組みについて説明しなさい。

15

LabVIEW を用いた計測

　これまでに説明した計測機器は，測定する機能とそれを演算処理する機能まで は備わっているが，より高度な処理には物足らない。例えば，測定したデー タを一定周期で蓄え，設定値を超えるとアラートが鳴り，ログデータをファイ ルに記録するとともに，別の計測器で詳細に解析をかけるといった一連のシー ケンスシステムを組みたい場合がある。

　これを可能とするのが NATIONAL INSTRUMENTS から発売されている **LabVIEW** である。これは，計測と制御を 1 つのソフトで行う。また専用の計 測器ドライバを使用することにより，特定の計測器の計測と制御を可能とす る。ディスプレイ上では，計測制御器の操作コンソールに相当するフロントパ ネルと，**GUI** によるプログラム作成を行うブロックダイヤグラムの 2 つを表 示して，プログラムの作成と実行を行う。

　本ソフトウェアの入門書は数多く出版されている。本章では，計測の面に絞 り，ごく簡単な事例を挙げて，どのようなことが可能であるかの例を示すこと とする。

15.1　DAQ の準備

　14 章で説明した Analog Devices 製 3 軸加速度センサ ADXL335 について，ど のような活用ができるかを検討する。本センサから出力されるのは加速度であ る。これを時間積分すれば速度が得られ，もう一度積分すれば位置が得られ る。この製品をテストすることを考える。

　準備するのは PC と LabVIEW，そして USB による入出力インタフェースで ある **DAQ**（data acquisition：データ収集システム）である。DAQ にはさまざ

まな種類があり，高速処理が必要な場合は PCI バスカードをデスクトップ PC に組み込む必要がある．ここでは USB 接続が可能な DAQ である，図 15.1 の NATIONAL INSTRUMENTS 製 USB-6008 を使用する．

図 15.1　NATIONAL INSTRUMENTS 製 USB-6008

本製品は 12 bit，10 k サンプル/s であり，低コストマルチファンクション DAQ として位置付けられている．おもな仕様は表 15.1 に示すが，本書で使用するのはこのうちアナログ入力の部分である．

表 15.1　NATIONAL INSTRUMENTS 製 USB-6008 のおもな仕様

	製品シリーズ	マルチファンクション DAQ
一般仕様	計測タイプ	電　圧
	OS/ターゲット	Linux，Mac，OS Pocket PC，Windows
	絶縁タイプ	なし
アナログ入力	シングルエンドチャネル	8
	差動形チャネル	4
	アナログ入力分解能	12 bit
	最大電圧範囲	$-10 \sim 10$ V
	最大電圧確度	7.73 mV
	最小電圧範囲	$-1 \sim 1$ V
	最小電圧確度	37.5 mV
	測定レンジ数	8
	同時サンプリング	不可能

表 15.1 （つづき）

	チャネル数	2
	分解能	12 ビット
	最大電圧範囲	0 〜 5 V
	最大電圧確度	7 mV
アナログ出力	最小電圧範囲	0 〜 5 V
	最小電圧確度	7 mV
	アップデートレート	150 サンプル / s
	電流ドライブ シングルチャネル	5 mA
	電流ドライブ 全チャネル合計	10 mA
	双方向チャネル	12
ディジタル I/O	タイミング	ソフトウェア
	論理レベル	TTL
ディジタル入力	入力タイプ	シンク，ソース
	最大電圧範囲	0 〜 5 V
	出力タイプ	シンク，ソース
ディジタル出力	電流ドライブ シングルチャネル	8.5 mA
	電流ドライブ 全チャネル合計	102 mA
	最大電圧範囲	0 〜 5 V

15.2 DAQ の 接 続

　本書で扱う 3 軸加速度センサの出力は，アナログの電圧信号である。電源電圧を 3 V とすれば，加速度ゼロ時の出力は 1.5 V である。測定レンジは ±3.6 g（g は地球の重力加速度），**感度**は 300 mV/g であるから，出力される電圧信号は 0.42 〜 2.58 V の範囲となる。

　ここで使用する DAQ のアナログ入力は −10 〜 10 V の範囲であることから，そのまま接続することが可能である（ただし，より正確には 3 軸加速度センサの出力は 32 kΩ であり，本 DAQ の入力インピーダンスと比較すると無視できない値となるため，誤差が生じる）。ここでは X 軸と Y 軸の計測を行う。**図 15.2** に従って 3 軸加速度センサと DAQ を接続する。そして PC に USB 接続する。**図 15.3** と**図 15.4** がそれぞれを接続した様子である。

136　15. LabVIEW を用いた計測

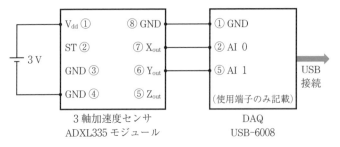

図 15.2　3 軸加速度センサと DAQ の結線図

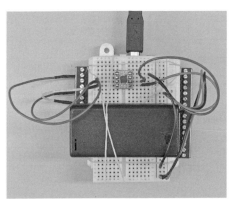

図 15.3　3 軸加速度センサと DAQ の接続

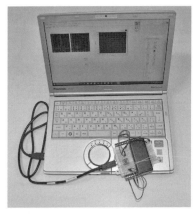

図 15.4　DAQ と PC の接続

15.3　プログラムの作成

　加速度センサから DAQ に入力される電圧信号は，LabVIEW から直接計測できる。ただし換算値であるので，元に戻す必要がある。X 軸についてみると

$$出力電圧\ v_x = 感度 \times 加速度\ A_x\ [\mathrm{m/s^2}] \div 重力加速度\ g\ [\mathrm{m/s^2}]$$
$$+ 加速度ゼロ時の出力\ [\mathrm{V}] \qquad (15.1)$$

である。ここで

$$感\ 度 = 0.3 \qquad (15.2)$$
$$重力加速度\ g = 9.8 \qquad (15.3)$$

15.3 プログラムの作成

$$\text{加速度ゼロ時の出力} = 1.5 \text{(ただし微調整が必要)} \quad (15.4)$$

であることから，加速度 A_x は

$$A_x = \frac{9.8(v_x - 1.5)}{0.3} \quad (15.5)$$

で求められる。また速度 V_x 〔m/s〕，位置 P_x 〔m〕については以下となる。

$$V_x = \int_0^T A_x dt \quad (15.6)$$

$$P_x = \int_0^T V_x dt \quad (15.7)$$

以上は**連続時間系**での表現である。LabVIEW 内ではサンプリング時間 ΔT = 0.01 s を設定している。よって上記も**離散時間系**として下記に書き換える。

$$V_x(T + \Delta T) = V_x(T) + A_x \Delta T \quad (15.8)$$

$$P_x(T + \Delta T) = P_x(T) + V_x \Delta T \quad (15.9)$$

Y 軸についても同様である。この式に従い，**図 15.5** のように**ブロックダイヤグラム**を作成する。表示する内容としては各軸の加速度，速度，位置，および XY 軸平面上の位置とした。これを実行して表示した結果が**図 15.6** である。これにより，ターゲットとなるセンサの働きが理解できる。

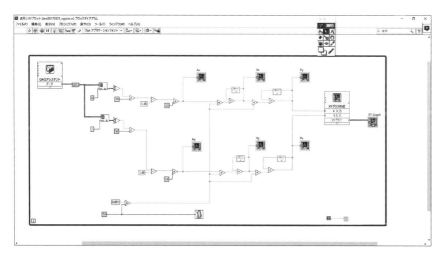

図 15.5　ブロックダイヤグラムの作成

15. LabVIEWを用いた計測

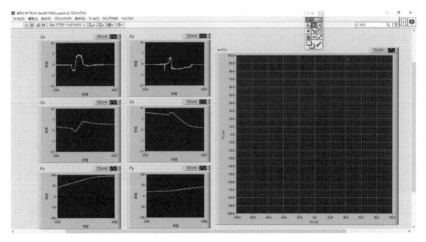

図 15.6 フロントパネルによる X 軸・Y 軸それぞれの加速度，速度，位置の表示（左側上から順）と平面座標位置の表示結果（右側）

このように，計測結果の処理と結果表示を容易に実現できるのが，LabVIEWの特徴となる。

演 習 問 題

【1】 アナログ信号をディジタル信号に変換する機能（A-D変換器）について，ブロック図と仕組みを説明しなさい。

【2】 ディジタル信号をアナログ信号に変換する機能（D-A変換器）について，ブロック図と仕組みを説明しなさい。

【3】 市販されているマイコンボードの製品事例を調べ，サンプリング数とチャネルの仕様についてまとめなさい。

16 規格・法令と電気電子計測

計測では世界共通となる単位記号や表記方法が使用されている。量の定義も国際的に統一されている。さらに公正な商取引を担保できるよう，法令でも定期検査などの定めがある。本章ではこれらについて整理する。

16.1 JIS 規格と国際単位系[3]

JIS（Japanese Industrial Standards：**日本工業規格**）は工業標準化法に基づいて，日本工業標準調査会が定めている。このうち電気電子計測に関連する事項としては，計測機器の記号や試験方法などがある。また電気電子計測に限らない **SI**（Système International d'Unités：**国際単位系**）の使用についてもここで定めている。

以下では 2014 年に制定された JIS Z 8001-1（一部は 1992 年に制定された，旧規格である JIS Z 8203）に基づき，この国際単位系について主要部分を説明する。なお JIS の原文にはより詳しい説明がある。国際単位系の決定は **CGPM**（Conférence générale des poids et mesures：**国際度量衡総会**）の決定に委ねられることが大きく，その記載もあるため，興味ある読者は一読されたい。

（1） **SI 基 本 単 位**

表 16.1 は **SI 基本単位**である。7 つの基本単位によって諸量の表現が可能である。これらをもとに一貫性のある単位系が構築されている。

（2） **SI 組 立 単 位**

表 16.2 は **SI 組立単位**である。表 16.1 を組み合わせて代数的に表すことも

140   16. 規格・法令と電気電子計測

表 16.1 SI 基本単位

基本量	SI 基本単位	
	名称	記号
長　さ	メートル	m
質　量	キログラム	kg
時　間	秒	s
電　流	アンペア	A
熱力学温度	ケルビン	K
物質量	モル	mol
光　度	カンデラ	cd

表 16.2 固有の名称をもつ SI 組立単位

組立量	SI 組立単位		
	固有の名称	記号	SI 基本単位および SI 組立単位による表し方
平面角	ラジアン	rad	$1\,\mathrm{rad} = 1\,\mathrm{m/m} = 1$
立体角	ステラジアン	sr	$1\,\mathrm{sr} = 1\,\mathrm{m^2/m^2} = 1$
周波数	ヘルツ	Hz	$1\,\mathrm{Hz} = 1\,\mathrm{s^{-1}}$
力	ニュートン	N	$1\,\mathrm{N} = 1\,\mathrm{kg \cdot m/s^2}$
圧力，応力	パスカル	Pa	$1\,\mathrm{Pa} = 1\,\mathrm{N/m^2}$
エネルギー，仕事，熱量	ジュール	J	$1\,\mathrm{J} = 1\,\mathrm{N \cdot m}$
パワー，放射束	ワット	W	$1\,\mathrm{W} = 1\,\mathrm{J/s}$
電荷，電気量	クーロン	C	$1\,\mathrm{C} = 1\,\mathrm{A \cdot s}$
電位，電位差，電圧，起電力	ボルト	V	$1\,\mathrm{V} = 1\,\mathrm{W/A}$
静電容量	ファラド	F	$1\,\mathrm{F} = 1\,\mathrm{C/V}$
電気抵抗	オーム	Ω	$1\,\Omega = 1\,\mathrm{V/A}$
コンダクタンス	ジーメンス	S	$1\,\mathrm{S} = 1\,\Omega^{-1}$
磁　束	ウェーバ	Wb	$1\,\mathrm{Wb} = 1\,\mathrm{V \cdot s}$
磁束密度	テスラ	T	$1\,\mathrm{T} = 1\,\mathrm{Wb/m^2}$
インダクタンス	ヘンリー	H	$1\,\mathrm{H} = 1\,\mathrm{Wb/m^2}$
セルシウス温度	セルシウス度	℃	$1\,\text{℃} = 1\,\mathrm{K}$
光　束	ルーメン	lm	$1\,\mathrm{lm} = 1\,\mathrm{cd \cdot sr}$
照　度	ルクス	lx	$1\,\mathrm{lx} = 1\,\mathrm{lm/m^2}$

可能である。**表 16.3** も SI 組立単位であるが，特に人の健康保護のために認められている。

表 16.3 人の健康保護のために認められる固有の名称および記号をもつ SI 組立単位

組立量	SI 組立単位		
	固有の名称	記号	SI 基本単位および SI 組立単位による表し方
放射能（放射性核種の）	ベクレル	Bq	$1\,\mathrm{Bq} = 1\,\mathrm{s}^{-1}$
吸収線量 質量エネルギー分与 カーマ，吸収線量率	グレイ	Gy	$1\,\mathrm{Gy} = 1\,\mathrm{J/kg}$
線量当量	シーベルト	Sv	$1\,\mathrm{Sv} = 1\,\mathrm{J/kg}$
酸素活性	カタール	kat	$\mathrm{kat} = \mathrm{mol/s}$

（3）　SI　接　頭　語

SI 単位の 10 の整数乗倍の名称および記号は，**表 16.4** に示す**接頭語**を用いて表す。また，他の単位の記号と組み合わせて単位を構成してもよい。

（例）

$$1\,\mathrm{cm}^3 = (10^{-2}\,\mathrm{m})^3 = 10^{-6}\,\mathrm{m}^3$$

$$1\,\mu\mathrm{s}^{-1} = (10^{-6}\,\mathrm{s})^{-1} = 10^6\,\mathrm{s}^{-1}$$

表 16.4 SI　接　頭　語

乗数	接頭語		乗数	接頭語	
	名称	記号		名称	記号
10^{24}	ヨタ	Y	10^{-1}	デシ	d
10^{21}	ゼタ	Z	10^{-2}	センチ	c
10^{18}	エクサ	E	10^{-3}	ミリ	m
10^{15}	ペタ	P	10^{-6}	マイクロ	μ
10^{12}	テラ	T	10^{-9}	ナノ	n
10^{9}	ギガ	G	10^{-12}	ピコ	p
10^{6}	メガ	M	10^{-15}	フェムト	f
10^{3}	キロ	k	10^{-18}	アト	a
10^{2}	ヘクト	h	10^{-21}	セプト	z
10	デカ	da	10^{-24}	ヨクト	y

$$1\,\Omega/\mathrm{km}=1\,\Omega/10^3\,\mathrm{m}=10^{-3}\,\Omega/\mathrm{m}$$

ただし複合した接頭語を用いてはいけない。例えばナノメートルは nm と表し，mμm と表してはならない。

質量の基本単位キログラムの名称には，歴史的な理由から"キロ"という接頭語の名称が含まれている。質量の単位の 10 の整数乗倍の名称は，"グラム"という語に接頭語をつけて構成する。例えば，マイクロキログラム（μkg）ではなくミリグラム（mg）とする。

これらの組み合わせによって単位を含む量を表すことができる。有効けたを明確にするために使用される 10 の整数乗数表現も，置き換えることができる。

（例）

$1.2\times10^4\,\mathrm{N}$ は，$12\,\mathrm{kN}$ と表記する。

$0.394\,\mathrm{m}$ は，$394\,\mathrm{mm}$ と表記する。

$1\,401\,\mathrm{Pa}$ は，$1.401\,\mathrm{kPa}$ と表記する。

$3.1\times10^{-8}\,\mathrm{s}$ は，$31\,\mathrm{ns}$ と表記する。

（4）　単位記号の書き方

単位記号は，（本文の書体に関係なく）ローマン体（直方体）とし，複数の場合も同形とする。また，この記号には通常の文の区切り，例えば，文の終わりを除いて終止符（ピリオド）は付けない。この記号は，量を表す式中では必ず数値の後に置き，この数値と記号の間は間隔をあける。

単位記号は，通常小文字で書くが，その名称が固有名詞による場合には，記号の最初の文字を大文字とする。

（例）

m　メートル　　　s　秒

A　アンペア　　　Wb　ウェーバ

組立単位を 2 個以上の単位の掛算でつくる場合には，つぎのいずれかの形で表す。

N·m，Nm

ただし，字体に制限がある装置の場合には，単位間の点は中点でなく下付き

の点でもよい。下付きの点の式は，単位間のスペースなしで書いてよいが，この場合には特に一方の単位の記号が接頭語記号と重複しないかどうかに注意を払う。例えば，mN は必ずミリニュートンだけに用い，メートルニュートンに用いてはならない。

一つの単位を他の単位で除して組立単位をつくる場合は，つぎのいずれかの形で表すのがよい。

$$\frac{\mathrm{m}}{\mathrm{s}}, \ \mathrm{m/s} \ \text{または} \ \mathrm{m\cdot s^{-1}}$$

斜線（/）を用いる場合には，斜線の後部をカッコでくくって明示する場合を除き，同じ行に乗除算の記号をつけてはならない。複雑な式の場合には，必ず負の累乗またはカッコを用いる。

（5）　**SI 単位およびその 10 の整数乗倍と併用してよい SI 以外の単位**

SI 以外の単位であるが，その実用上の重要さから継続使用する単位として，**表 16.5 および表 16.6** に示す単位がある。この中で表 16.4 の接頭語をつけてもよいものがある。例えば，ミリリットル（ml）がその例である。

ごく限られた場合ではあるが，表 16.5 および表 16.6 の単位と SI 単位およ

表 16.5　SI 単位と併用してよい単位

量	単　位		
	名称	記号	定　　義
時　　間	分	min	$1\,\mathrm{min}=60\,\mathrm{s}$
	時	h	$1\,\mathrm{h}=60\,\mathrm{min}$
	日	d	$1\,\mathrm{d}=24\,\mathrm{h}$
平面角	度	°	$1°=(\pi/180)\,\mathrm{rad}$
	分	′	$1'=(1/60)°$
	秒	″	$1''=(1/60)'$
体　積	リットル	l，L[a]	$1\,\mathrm{l}=1\,\mathrm{dm}^3$
質　量	トン	t	$1\,\mathrm{t}=10^3\,\mathrm{kg}$
レベル	ネーパ[b]	Np[b]	$1\,\mathrm{Np}=\ln e=1$
	ベル	B	$1\,\mathrm{B}=(1/2)\ln 10\,\mathrm{Np}≒1.151\,293$

注）（a）　JIS ではリットルの 2 つの記号は同等である。
　　（b）　SI としてはまだ採用されていない。

144　16.　規格・法令と電気電子計測

表 16.6　SI 単位と併用してよい単位で，SI 単位による値が実験的に得られる単位

量	単　　位		
	名称	記号	定　　義
エネルギー	電子ボルト	eV	電子ボルトは，真空中において 1 ボルトの電位差を通過することに電子が得る運動エネルギー 1 eV ≒ 1.602 176 487(40)×10^{-19} J
質　量	ダルトン	Da	基底状態で静止状態の核種 ^{12}C の原子の質量の 1/12 1 Da = 1.660 538 782(83)0×10^{-27} kg
長　さ	天文単位	au	太陽と地球との間の距離の平均値にほぼ等しい慣行的値 1 au = 1.495 978 706 91(6)×10^{11} m

びその 10 の整数乗倍とを用いて組立単位を形づくる。例えば，kg/h，km/h がその例である。

16.2　計　　量　　法

計量法は「計量の基準を定め，適正な計量の実施を確保し，もって経済の発展及び文化の向上に寄与することを目的とする」法律である。**表 16.7** に目次を掲載する。

本法律では，**取引または証明に必要な計量単位系**は政令で定めるとしてお

表 16.7　計量法の目次

計量法　1952 年制定，1992 年全般的に改正，2014 年 6 月 13 日改正
　第 1 章　総則（第 1・2 条）
　第 2 章　計量単位（第 3 〜 9 条）
　第 3 章　適正な計量の実施
　　第 1 節　正確な計量（第 10 条）
　　第 2 節　商品の販売に係る計量（第 11 〜 15 条）
　　第 3 節　計量器等の使用（第 16 〜 18 条）
　　第 4 節　定期検査（第 19 〜 25 条）
　　第 5 節　指定定期検査機関（第 26 〜 39 条）
　第 4 章　正確な特定計量器等の供給
　　第 1 節　製造（第 40 〜 45 条）
　　第 2 節　修理（第 46 〜 50 条）
　　第 3 節　販売（第 51・52 条）
　　第 4 節　特別な計量器（第 53 〜 57 条）
　　第 5 節　特殊容器製造事業（第 58 〜 69 条）

16.3 定 期 検 査　　145

表 16.7 （つづき）

第5章　検定等
　第1節　検定，変成器付電気計器検査及び装置検査（第70～75条）
　第2節　型式の承認（第76～89条）
　第3節　指定製造事業者（第90～101条）
　第4節　基準器検査（第102～105条）
　第5節　指定検定機関（第106条）
第6章　計量証明の事業
　第1節　計量証明の事業（第107～115条）
　第2節　計量証明検査（第116～121条）
　第3節　特定計量証明事業（第121条の2～6）
　第4節　特定計量証明認定機関（第121条の7～10）
第7章　適正な計量管理
　第1節　計量士（第122～126条）
　第2節　適正計量管理事業所（第127～133条）
第8章　計量器の校正等
　第1節　特定標準器による校正等（第134～142条）
　第2節　特定標準器以外の計量器による校正等（第143～146条）
第9章　雑則（第147条—第169条の2）
第10章　罰則（第170～180条）
附則

り，これに基づき，基本単位ほかの使用が定められている。これは，取引また
は証明においては，前述の計量単位の使用が義務化されていると考えることが
できる。また商取引に用いる計量機器（はかり，電力量計など）には型式承認や
定期検査も求めている。これにより，商取引の公平性が担保されているといえる。

16.3　定 期 検 査

　16.2節の計量法に基づく**定期検査**について，電力量計などの電気計器に関
して補足する。まず，検査の有効期間により使用制限を設けている。電気計器
は，検定に合格したもので，かつ検定証印等の有効期間内のものでなければ取
引や証明には使用できない。計量法第16条（使用の制限）では，つぎのこと
を禁じている。

　・**検定証印**等が付されていないものを使用すること。
　・検定証印等の有効期間が経過したものを使用すること。

146　　16. 規格・法令と電気電子計測

・変成器とともに使用する電気計器の場合，同じ合番号が付されていない変
　成器とともに使用すること。

ここで検定証印等の有効期間は，電気計器によってつぎのように規定されて
いる。

1. 電力量計
　　イ. 定格電圧が300 V以下の電力量計……10年
　　　（変成器とともに使用されるもの，およびロ（2）に掲げるものを除く）
　　ロ. 定格電圧が300 V以下の電力量計のうち，つぎに掲げるもの……7年
　　　（1）　定格一次電流が120 A以下の変流器とともに使用されるもの
　　　　　（定格一次電圧が300 Vを超える変圧器とともに使用されるものを除
　　　　　く）
　　　（2）　定格電流が20 Aまたは60 Aのもの（電子式のものを除く）
　　　（3）　電子式のもの（イおよび（1）に掲げるものを除く）
　　ハ. イまたはロに掲げるもの以外のもの……5年
2. 最大需要電力計……5年（ただし，電子式のものは7年）
3. 無効電力量計……5年（ただし，電子式のものは7年）

16.4　検 査 機 関

わが国では電気計器の**検査機関**として，経済産業省により**日本電気計器検定
所**（**JEMIC**：Japan Electric Meters Inspection Corporation）が指定されてい
る。これは日本電気計器検定所法に基づいている。日本電気計器検定所の事業
目的は「電気の取引に使用する電気計器の検定等の業務を行い，もって電気の
取引の適正な実施の確保に資すること」であり，

1. 取引用電気計器等の検定・検査
2. 電気標準等の維持供給
3. 電気計測に関する開発研究
を事業内容としている。

16.5 トレーサビリティ

トレーサビリティとは，その商品や規格の末端からルートまでを辿ることができる仕組みを示している。計量標準でもトレーサビリティ制度が取り入れられており，国際標準または国家標準のような広く認知された標準まで行きつけることが可能となっている。

わが国では計量法に基づき，**計量法トレーサビリティ制度**（**JCSS**：Japan Calibration Service System）が設けられている。そして ISO/IEC 17025 を登録（認定）基準にした**校正事業者登録制度**がある。

前述の日本電気計器検定所では，機器の校正作業において，国家的な標準器を用いて行なっている。この体系を図 16.1 に示す。計測器メーカーにおいても同様にトレーサビリティが確保されている場合がある。

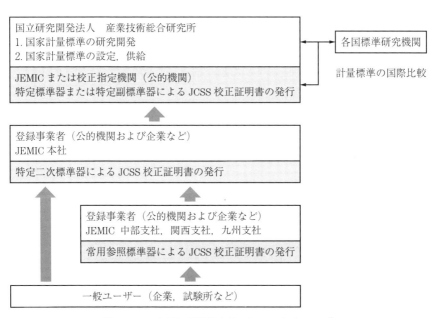

図 16.1 日本電気計器検定所のトレーサビリティ[4]

148　　16．規格・法令と電気電子計測

--- Column ---

計量法の適用範囲

　計量法では，取引や証明では法定計量単位を用いることとしている。そして非法定計量単位の使用だけではなく，これを使用した計量器の販売なども禁止されている。これらに関連する Q&A が経済産業省の Web に掲載されている。以下のような，なかなか興味深い案件もあり抜粋して紹介する。

　Q1：尺貫法の計量単位を文学書や歴史書に記載することは可能か？

　A1：可能。過去にあった事実を伝聞することや芸術表現として尺貫法の計量単位を用いることは，取引または証明に該当しないため。

　Q2：時間の計量単位として d（日）を取引または証明に使用できるか？

　A2：日，週，月，年は物理単位ではなく暦の単位であり，計量法における単位の使用規制の対象外である。

　Q3：スポーツ用品（ゴルフクラブ，ボウリング，釣り用品等），テレビ，フロッピーディスクについて長さや重さをインチやポンドによる表示を付して販売や譲渡等ができるか？

　A3：計量法違反である。ただし法定計量単位を参考値であると分かるように併記した場合は違反しない。また，テレビ等で行われている○×型というような表示は製品の種類，規格など等を示すものと捉え，非法定計量単位を用いたことにはならない。

　Q4：エアコンの温度設定器等の温度を設定するための装置で，ユーザが温度表示を摂氏表示と華氏表示にボタンで切り換えて使用できる製品について，販売することは可能か？

　A4：可能。計量器とは，計量するための器具，機械または装置である。温度設定器は計量器ではないので計量法の規制の範囲外である。

演 習 問 題

【1】　最大需要電力計を設置する目的と，計測内容について調べなさい。

【2】　身近にある電力量計またはガスメータを調べ，標記されている内容を整理しなさい。また，トレーサビリティがどのように確保されているかを考えなさい。

【3】　取引や証明に使用するはかりも，計量法の対象となる。その公正性がどのように担保されているかを調べなさい。

引用・参考文献

1) 日置電機：電流プローブの使い方（2章6節の参考）
   〈https://www.hioki.co.jp/jp/products/listUse/?category=39〉（2017.8）
2) 日本電気技術者協会：音声付き電気技術解説講座
   〈http://www.jeea.or.jp/course/〉（2017.8）
3) JIS規格（特に16章1節）
4) 日本電気計器検定所：トレーサビリティ（特に16章5節の図16.1）
   〈http://www.jemic.go.jp/kousei/j_kousei.html#j_k01〉（2017.8）
5) 各計測機器メーカーのカタログ，マニュアル，技術資料
6) 岡野大祐 編著：電気電子基礎計測，EEText，オーム社（2009）

〈本書以外に読者にお勧めする本〉
1) 湯本雅恵 監修：基本からわかる電気電子計測講義ノート，オーム社（2015）
   （電気電子計測全般については類書がいくつもあるが，基本事項をバランスよく扱っており入門書として推奨する。）
2) トランジスタ技術SPECIAL 編集部：センサ・デバイス活用ノート―徹底図解，トランジスタ技術SPECIAL for フレッシャーズ（No.111），CQ出版社（2010）
   （さまざまなセンサについてまとまっており，一度に多数の種類を確認できる。本書では説明しきれていない部分についても詳細に記述されている。）
3) パワーエレクトロニクス機器の EMC解析・抑制技術協同研究委員会 編：パワーエレクトロニクス機器の EMC，電気学会（2013）
   （ノイズや EMCの考え方については本書では概略を示したが，本格的に知りたい読者に推奨する。）
4) 葛山孝明，名倉正勝：絵とき 電気設備の保守と試験，改訂3版，オーム社（2013）
   （本書では電気設備に関する電気電子計測についてもいくつか取り上げたが，より詳しく知りたい際は，理論書ではなく電気設備現場業務に関する解説書をお勧めする。）

演習問題解答

（ポイントまたはヒントを含む）

1 章
【1】 測定項目，測定精度，最高電圧，などを比較していること。
【2】 単に有効桁だけではなく，測定確度まで踏み込んで説明していること。
【3】 コンデンサを入れる，測定レンジを大きくして有効桁数をわざと少なくするなどの方法について説明していること。
【4】 $99.3 \sim 100.7\,\mathrm{mV}$。

2 章
【1】 仕様には周波数帯域を含んでいること。用途は「インバータ回路の評価」などの具体的な事例を含んでいること。
【2】 操作性やチャネル数について言及していること。
【3】 用途やチャネル数について言及していること。

3 章
【1】 交流計測では実効値を知りたいが，指示形交流電圧計の回路では平均値が得られるため，この平均値（波高値の 0.637 倍）を実効値（波高値の 0.707 倍）として，目盛板上で読み替えて表示していることに注意すること。
【2】 どの程度の精度で知りたいかに注目すること。
【3】 指示形計器は見る向きによって読み取り値が異なることに注意すること。

4 章
【1】 仕様には最大電流や抵抗値を含むこと。
【2】 特徴が目的に沿っていること。
【3】 式も含んでいること。

5 章
【1】 手順を追って丁寧に計算していること。
【2】 A–D 変換器の扱える範囲について言及していること。

演 習 問 題 解 答　　*151*

【3】　リップル含有率はどの程度が妥当なのかを知ることが重要である。

6　章

【1】　まず用途があり，計測が必要であることを知ることが重要である。
【2】　故障や事故など深刻な事例があり，この対応が必要であることを知ることが重要である。
【3】　前記に対応して，設計段階からの対応も求められていることを知る。

7　章

【1】　トランスデューサの定義が複数あり，この関係を知る。
【2】　長距離伝送ではどちらが有利かを考えてみる。
【3】　高電圧の測定方法について知る。

8　章

【1】　センサは複数あってもよいことがヒントとなる。
【2】　計測内容と計測方法の関連性を確認すること。
【3】　計測上の大きな制約がタービン発電機にはある。

9　章

【1】　電気工事業務を理解することが重要である。
【2】　どの部分の絶縁抵抗であるかを考える。
【3】　漏れた電流がどのようなルートで流れて障害を生じるかを考える。

10　章

【1】　電子の軌道についても説明していること。
【2】　簡単な電磁気学の数式も伴っていること。
【3】　計測対象だけではなく，これがどのように社会に役立っているのかも説明すること。

11　章

【1】　体温予測機能の説明も含めていること。
【2】　黒体も説明していること。
【3】　人体や機器などの多用途があることを知る。

152   演 習 問 題 解 答

12 章

【1】 幅広い用途を理解していること。

【2】 単体だけではなく，家電などにも浸透していることを理解する。

【3】 JIS で定められていることを知る。

13 章

【1】～【3】 いずれも理論だけではなく，具体的な事例があることで計測の必要性
が生じていることを知る。

14 章

【1】 太陽光発電の評価のように，複数の計測結果を記録して，組み合わせて活用
する事例があることを知る。

【2】 社会のニーズがあることを知る。

【3】 ドップラー効果について復習する。

15 章

【1】 サンプル＆ホールド回路，コンパレータについて知る。

【2】 いくつかあるが，1つでもよいので正確に説明できることが重要である。

【3】 マイコンボードの性能を示す代表的な指標であることを理解する。

16 章

【1】 電気料金の算定で重要であることを理解する。

【2】 もっとも身近な計測機器である。これらのトレーサビリティが確保されてい
ることを確認する。

【3】 これらも定期検定を受ける必要があることも理解する。

索　　引

【あ】

アナログ形電力量計　69
アナログ出力　70
アナログテスタ　36

【い】

位相差　7
イベント検出　121
インターハーモニクス　63

【う】

う回路　5

【え】

エイリアシング　16
演算機能　27

【お】

温度ロガー　102

【か】

回転シリンダ方式　82
回転速度　79
確　度　4
加速度センサ　130
活　電　126
課　電　126
可動コイル形指示計器　37
可動鉄片形　39
感　度　135

【き】

機器損傷　25
極性判定　1

許容値　39
距離計　128

【く】

空心電流力計形　41
矩形波波形　62
クランプ式　19
クランプメータ　49
クレストファクタ　54

【け】

計器用変圧器　75
計量法　144
計量法トレーサビリティ
　制度　147
検査機関　146
減衰倍率　17
検相器　72
検定証印　145
検電器　126

【こ】

校正事業者登録制度　147
高調波　61
高調波含有率　63, 119
国際単位系　139
国際度量衡総会　139
コモンモードノイズ　33

【さ】

サーチコイル　125
サーミスタ　98
サーモカップル　99
サーモグラフィー　101
サーモパイル　101

三相交流回路　59
三相式同期検定器　73
三電極法　88
サンプリング　15

【し】

軸のねじれ　81
次数間高調波　63
実効値　54
シャント　44
周波数帯域　17
周波数特性　17
周波数変動　119
瞬時停電　121
焦電形赤外線センサ　110
焦電効果　110
照度基準　112
照度計　112

【す】

スウェル　118
ストレインゲージ　78
スマートメータ　69
スリップリング方式　81

【せ】

積算電力　119
絶縁抵抗　90
絶縁抵抗計　91
接触抵抗　45
接触不良　3
接地線　85
接地抵抗　85
接頭語　141
零位法　46

【そ】

総合ひずみ率	63
相　順	71
測定ライン	116

【た】

ダイオード単相全波整流	
回路	27
対称座標法	64
単位記号	142
単磁界軸	125

【ち】

地磁気	95
地電圧	89
超音波	129

【て】

定期検査	145
ディジタルオシロスコープ	9
ディジタル形電力量計	69
ディジタルテスタ	1
ディジタルマルチメータ	69
ディップ	118
データロガー	122
鉄　損	94
電圧上昇	119
電圧端子	45
電圧低下	118
電圧プローブ	10
電気設備技術基準	65
電源品質	115
電子ばかり	78
電磁歯車位相差方式	81
電磁誘導位相差方式	82
電流センサ	21
電流端子	45
電流プローブ	19
電　力	58
電力チェッカ	49

電力量計	68

【と】

等価回路成分	18
同　期	73
銅　損	95
導通判定	21
トランスデューサ	47, 69
トリガ	13
トリガレベル	15
取引または証明に必要な	
計量単位系	144
トリマ	18
トルク	80
トレーサビリティ	147
トロイダルコア	33

【に】

日射計	110
二電極法	88
日本工業規格	139
日本電気計器検定所	146

【ね】

熱電対	99, 122

【の】

ノイズ	32
ノーマルモードノイズ	33

【は】

配電箱	86
倍率器	43
波形の垂直方向表示	11
波形の水平方向表示	11
波形率	54
波高率	54
パルス	122
パルス出力	70
反　転	26

【ひ】

ひずみゲージ	78
ひずみ波	4
標準偏差	56

【ふ】

フォト IC ダイオード	105
フォトカプラ	105
フォトセンサ	108
フォトダイオード	105
フォトトランジスタ	105
フォトリフレクタ	108
不平衡	64
不平衡率	64
フラックスゲート検出形	23
フルスケール	36
ブロックダイヤグラム	137
プローブ出力補正端子	18
ブロンデルの定理	61
分圧器	43
分解能	16
分　散	56
分流器	44

【へ】

平　均	56
平均値	54
変位力率	63
変流器	74

【ほ】

ホイートストンブリッジ	45
保　護	7
保護ヒューズ	1
ホール効果	93
ホール素子	93, 125
ホール素子検出形	23
ホール素子方式電流センサ	
	21

索　　　　　引　　155

【ま】

巻線検出形　23

【め】

メガー　91
目盛盤　40

【り】

リサージュ波形　28
離散時間系　137
リップル含有率　55
量子化　15

【れ】

レーザ　128
連続時間系　137

【ろ】

ロゴスキーコイル方式
　電流センサ　22

【A】

AC カップリング　12
AC ゼロフラックス方式
　電流センサ　23
AC-DC ゼロフラックス方式
　　23, 24
A-D 変換器　15
AUTO ボタン　11

【B】

B 定数　98
BMP（ビットマップ）形式
　29

【C】

CdS セル　104
CGPM　139
CSV 形式　30

CT　74
CT 方式電流センサ　21
CURSOR ボタン　12

【D, E】

DAQ　133
DC カップリング　12
dgt　4
EMF　125

【I, J】

I^2C　95
JCSS　147
JEMIC　146
JIS　139
JIS C 1102-1　38
JIS Z 9110　112
JPEG（ジェイペグ）形式　29

【L, M】

LCR メータ　51
MEASURE ボタン　13

【P, R】

PT　75
rdg　3

【S, T】

SI　139
SI 基本単位　139
SI 組立単位　139
THD　63

【V, X】

VT　75
XY フォーマット　28

―― 著者略歴 ――
1992 年　法政大学工学部電気工学科卒業
1994 年　法政大学大学院工学研究科修士課程修了（電気工学専攻）
1997 年　法政大学大学院工学研究科博士課程修了（電気工学専攻）
　　　　博士（工学）
1997 年　東京都立大学研究生
1997 年　法政大学兼任講師（2013 年まで）
1998 年　芝浦工業大学講師
2006 年　芝浦工業大学助教授
2007 年　芝浦工業大学准教授
2013 年　芝浦工業大学教授
　　　　現在に至る

おもな資格：第一種電気主任技術者，技術士（電気電子部門）

製品事例から学ぶ 現代の電気電子計測
Modern Electrical and Electronic Measurement : Learning from Product Cases

© Goro Fujita 2017

2017 年 11 月 20 日　初版第 1 刷発行　　　　　　　　　　　　　　　★

検印省略	著　者	藤　　田　　吾　　郎
	発行者	株式会社　コ ロ ナ 社
	代表者	牛　来　真　也
	印刷所	萩原印刷株式会社
	製本所	有限会社　愛千製本所

112-0011　東京都文京区千石 4-46-10
発行所　株式会社　コ ロ ナ 社
CORONA PUBLISHING CO., LTD.
Tokyo Japan
振替 00140-8-14844・電話 (03)3941-3131(代)
ホームページ　http://www.coronasha.co.jp

ISBN 978-4-339-00905-7　C3054　Printed in Japan　　　　　（高橋）

〈出版者著作権管理機構 委託出版物〉
本書の無断複製は著作権法上での例外を除き禁じられています。複製される場合は，そのつど事前に，
出版者著作権管理機構（電話 03-3513-6969，FAX 03-3513-6979，e-mail: info@jcopy.or.jp）の許諾を
得てください。

本書のコピー，スキャン，デジタル化等の無断複製・転載は著作権法上での例外を除き禁じられています。
購入者以外の第三者による本書の電子データ化及び電子書籍化は，いかなる場合も認めていません。
落丁・乱丁はお取替えいたします。

コロナ社創立80周年記念出版〔創立1927年〕

電気鉄道ハンドブック

電気鉄道ハンドブック編集委員会 編
B5判／1,002頁／本体30,000円／上製・箱入り

監修代表：持永芳文（（株）ジェイアール総研電気システム）
監　　修：曽根　悟（工学院大学），望月　旭（（株）東芝）
編集委員：油谷浩助（富士電機システムズ（株）），荻原俊夫（東京急行電鉄（株)）
（五十音順）　水間　毅（（独）交通安全環境研究所），渡辺郁夫（（財）鉄道総合技術研究所）
（編集委員会発足時）

　21世紀の重要課題である環境問題対策の観点などから，世界的に個別交通から公共交通への重要性が高まっている。本書は電気鉄道の技術発展に寄与するため，電気鉄道技術に関わる「電気鉄道技術全般」をハンドブックにまとめている。

【目　次】

1章　総　論
電気鉄道の歴史と電気方式／電気鉄道の社会的特性／鉄道の安全性と信頼性／電気鉄道と環境／鉄道事業制度と関連法規／鉄道システムにおける境界技術／電気鉄道における今後の動向

2章　線路・構造物
線路一般／軌道構造／曲線／軌道管理／軌道と列車速度／脱線／構造物／停車場・車両基地／列車防護

3章　電気車の性能と制御
鉄道車両の種類と変遷／車両性能と定格／直流電気車の速度制御／交流電気車の制御／ブレーキ制御

4章　電気車の機器と構成
電気車の主回路構成と機器／補助回路と補助電源／車両情報・制御システム／車体／台車と駆動装置／車両の運動／車両と列車編成／高速鉄道／電気機関車／電源搭載式電気車両／車両の保守／環境と車両

5章　列車運転
運転性能／信号システムと運転／運転時隔／運転時間・余裕時間／列車群計画／運転取扱い／運転整理／運行管理システム

6章　集電システム
集電システム一般／カテナリ式電車線の構成／カテナリ式電車線の特性／サードレール・剛体電車線／架線とパンタグラフの相互作用／高速化／集電系騒音／電車線の計測／電車線路の保全

7章　電力供給方式
電気方式／直流き電回路／直流き電用変電所／交流き電回路／交流き電用変電所／帰線と誘導障害／絶縁協調／電灯・電力設備／電力系統制御システム／変電設備の耐震性／変電所の保全

8章　信号保安システム
信号システム一般／列車検知／間隔制御／進路制御／踏切保安装置／信号用電源・信号ケーブル／信号回路のEMC/EMI／信頼性評価／信号設備の保全／新しい列車制御システム

9章　鉄道通信
鉄道と通信網／鉄道における移動無線通信

10章　営業サービス
旅客営業制度／アクセス・乗継ぎ・イグレス／旅客案内／付帯サービス／貨物関係情報システム

11章　都市交通システム
都市交通システムの体系と特徴／路面電車の発展とLRT／ゴムタイヤ都市交通システム／リニアモータ式都市交通システム／ロープ駆動システム・急こう配システム／無軌条交通システム／その他の交通システム・都市交通の今後の動向

12章　磁気浮上式鉄道
磁気浮上式鉄道の種類と特徴／超電導磁気浮上式鉄道／常電導磁気浮上式鉄道

13章　海外の電気鉄道
日本の鉄道の位置づけ／海外の主要鉄道／海外の注目すべき技術とサービス／電気車の特徴／電力供給方式／列車制御システム／貨物鉄道

定価は本体価格＋税です。
定価は変更されることがありますのでご了承下さい。

図書目録進呈◆

電気・電子系教科書シリーズ

(各巻A5判)

■編集委員長　高橋　寛
■幹　　　事　湯田幸八
■編集委員　江間　敏・竹下鉄夫・多田泰芳
　　　　　　中澤達夫・西山明彦

配本順		書名	著者	頁	本体
1.	(16回)	電気基礎	柴田尚志・皆田新二 共著	252	3000円
2.	(14回)	電磁気学	多田泰芳・柴田尚志 共著	304	3600円
3.	(21回)	電気回路Ⅰ	柴田尚志 著	248	3000円
4.	(3回)	電気回路Ⅱ	遠藤勲・鈴木靖 編著	208	2600円
5.	(27回)	電気・電子計測工学	吉澤昌純・降矢典雄・福田拓巳・高西和彦 共著	222	2800円
6.	(8回)	制御工学	西平正立・奥山木堀青鎮 共著	216	2600円
7.	(18回)	ディジタル制御	青西堀俊幸 共著	202	2500円
8.	(25回)	ロボット工学	白水俊次 著	240	3000円
9.	(1回)	電子工学基礎	中澤達夫・藤原勝幸 共著	174	2200円
10.	(6回)	半導体工学	渡辺英夫 著	160	2000円
11.	(15回)	電気・電子材料	中澤・押田・森山・服部 共著	208	2500円
12.	(13回)	電子回路	須田健二・土田英一 共著	238	2800円
13.	(2回)	ディジタル回路	伊原充博・若海弘夫・室賀純也・山下巖 共著	240	2800円
14.	(11回)	情報リテラシー入門	山下 ほか 共著	176	2200円
15.	(19回)	C++プログラミング入門	湯田幸八 著	256	2800円
16.	(22回)	マイクロコンピュータ制御プログラミング入門	柚賀正光・千代谷慶 共著	244	3000円
17.	(17回)	計算機システム(改訂版)	春日健・舘泉雄治 共著	240	2800円
18.	(10回)	アルゴリズムとデータ構造	湯田幸八・伊原充博 共著	252	3000円
19.	(7回)	電気機器工学	前田勉・新谷邦弘 共著	222	2700円
20.	(9回)	パワーエレクトロニクス	江間敏・高橋勲 共著	202	2500円
21.	(28回)	電力工学(改訂版)	江間敏・甲斐隆章 共著	296	3000円
22.	(5回)	情報理論	三木成彦・吉川英機 共著	216	2600円
23.	(26回)	通信工学	竹下鉄夫・吉川英機 共著	198	2500円
24.	(24回)	電波工学	松田豊稔・宮田克正・南部幸久 共著	238	2800円
25.	(23回)	情報通信システム(改訂版)	岡田裕・桑原正史 共著	206	2500円
26.	(20回)	高電圧工学	植月唯夫・箕田充志 共著	216	2800円

定価は本体価格＋税です。
定価は変更されることがありますのでご了承下さい。

図書目録進呈◆